Dieter L. Schmich

Im besten Alter das berufliche Glück finden

Empfehlen Sie bitte dieses Werk Menschen, die bereits mit ihrem Lebensalter hadern, obwohl sie wahrscheinlich noch nicht
einmal die Hälfte Ihres Erwachsenendaseins erlebt haben.

Dieter L. Schmich

Im besten Alter das berufliche Glück finden

Bewerbungserfolg, berufliche Erfüllung und Sicherheit
in der zweiten Lebenshälfte

dielus **edition**
www.dielus.com

© 2013 dielus edition Dieter Schmich

Im besten Alter das berufliche Glück finden, 2. Auflage

Umschlaggestaltung: dielus

Umschlagabbildung: © iStockphoto.com (Altay Kaya)

Lektorat: Esther Ullmann

Printed in Germany

ISBN 978-3-00-038105-8

Bibliografische Information der Deutschen Bibliothek: Die Deutsche Bibliothek verzeichnet diese
Publikation in der Deutschen Nationalbibliografie; detaillierte bibliografische Daten sind im Internet
abrufbar über https://portal.d-nb.de.

Inhalt

Einleitung 7

1 Neue Strategien verfolgen **13**

1.1. Globalisierung akzeptieren 13

1.2. Wettbewerb meiden 16

1.3. Insiderwissen aneignen 18

1.4. Fazit 24

2 Selbstdarstellung verbessern **26**

2.1. Verbale Selbstdarstellung.......................................28

    2.1.1. Fachliche Stärken 30

    2.1.2. Charakterliche Stärken 35

2.2. Schriftliche Selbstdarstellung 39

    2.2.1. Tabellarischer Lebenslauf..............................42

    2.2.2. Bewerbungsschreiben...................................61

2.3. Digitale Selbstdarstellung.......................................72

    2.3.1. Bewerbungsdateien 72

    2.3.2. Dateigröße und -format................................73

2.4. Fazit 76

3 Sich konzentriert an die Arbeit machen................... **78**

3.1. Ausstattung prüfen 78

3.2. Zeitraum festsetzen 80

3.3. Fazit 81

4 Den neuen Job finden **82**

4.1. Recherchephase 85

    4.1.1. Daten aus unpassenden Stellenanzeigen 87

    4.1.2. Alltagsbegegnungen 90

    4.1.3. Messebesuche 91

    4.1.4. Ideen aus dem privaten Umfeld 92

    4.1.5. Internetrecherche 99

    4.1.6. Externe Netzwerke 101

    4.1.7. Zusammenfassung 104

4.2. Kontaktphase 105

    4.2.1. Telefon 108

    4.2.2. E-Mail 118

    4.2.3. Persönliches Gespräch 122

    4.2.4. Zusammenfassung 126

4.3. Bewerbungsphase 128

    4.3.1. Bewerbungsmappen per Post 129

    4.3.2. Onlinebewerbungen 130

    4.3.3. Persönliche Übergabe 134

4.4. Fazit 135

5 Zweite Lebenshälfte absichern **138**

5.1. Datenbank aufbauen 140

5.2. Kontakte pflegen 149

5.3. Beziehungen schaffen 151

5.4. Fazit 166

6 Entscheidung treffen **167**

Einleitung
Es liegt noch viel Spannendes vor Ihnen

„Ich bin zu alt – ich muss durchhalten, wechseln lohnt nicht mehr." „Ich würde am liebsten noch einmal Karriere machen – jetzt ist es aber sicher zu spät." „Ich wurde gekündigt – das war's." „Ich bekomme nur Absagen – das liegt bestimmt an meinem Alter."

Solche oder ähnliche Aussagen höre ich nahezu täglich. Falls auch Sie sich schon bei einem dieser destruktiven Gedankengänge ertappten, haben Sie das richtige Buch in der Hand. Es ist mehr möglich, als Sie vielleicht derzeit vermuten. Ich werde Ihnen in diesem Werk aufzeigen, wie Sie das bewerkstelligen können.

Zunächst jedoch ein kleines Rechenexempel: Wie Sie wissen, sind mittlerweile alle Modelle, früher in Rente zu gehen, entweder finanziell sehr unattraktiv geworden oder vom Staat mehr oder weniger abgeschafft. Zudem ist die Zukunft der gesetzlichen Altersvorsorge ungewiss. Das wird Sie möglicherweise ein bisschen demotivieren, dennoch sollten Sie den Tatsachen ins Auge sehen: Die demografischen Fakten sprechen eine eindeutige Sprache. Kein Volk darf allen Ernstes seiner Jugend aufgrund des Generationenvertrags derart gewaltige finanzielle Belastungen zumuten. Wenn Politiker heute von einem Rentenbeginn mit 67 Jahren sprechen, meinen sie eher das 69. Lebensjahr, und wahrscheinlich wird es darüber hinausgehen. Daraus resultiert, je nachdem welches Alter Sie derzeit erreicht haben, eine noch viele Jahre dauernde Berufstätigkeit.

Jetzt halten Sie einmal kurz inne – zählen Sie die Jahre bis zu Ihrem möglichen Rentenbeginn und gehen Sie dann diese Anzahl von Jahren in Ihrem bisherigen Berufsleben zurück. Lassen Sie diesen Zeitraum Ihrer bisherigen Berufstätigkeit vor Ihrem geistigen Auge vorüberziehen. Da ist sicher einiges Spannende passiert, oder? Zumindest erscheint dieser Zeitraum doch recht lang, nicht wahr?

Wir können dieses Gedankenspiel auch unabhängig von Ihrem Berufsleben weiterspinnen: Denken Sie jetzt an Ihr gesamtes bisheriges Leben als Erwachsener (angenommener Start mit 18 Jahren). Wie viele Jahre haben Sie bereits hinter sich? Und jetzt beziehen Sie die Tatsache mit ein, dass die Menschen Ihres Jahrgangs eine durchschnittliche Lebenserwartung über das 80. Lebensjahr hinaus haben werden. Wie viel Lebenszeit steht Ihnen denn noch bevor?

Wie wir alle wissen, ist es heute nicht mehr sehr ungewöhnlich, sogar über neunzig Jahre alt zu werden. In diesem Fall hieße das für Sie, dass Sie noch nicht einmal die Hälfte Ihres zu erwartenden gesamten Daseins als Erwachsener erlebt haben. Ist es nicht ein bisschen früh, schon jetzt mit dem Lebensalter zu hadern?

Jetzt werden viele sagen: „Der hat gut reden. Das Ganze verhält sich bei mir bestimmt nicht so – ich werde sicher viel früher sterben oder im hohen Alter keine Lebensqualität mehr haben, deshalb interessiert mich diese theoretische Rechnerei nicht."

Machen Sie sich bitte nichts vor: Solche Selbstlügen kennen wir alle zur Genüge. Überall, wo Sie hinsehen, treffen Sie ständig auf lebensfrohe und aktive Seniorinnen und Senioren. Jede Generation ist heute fitter als alle anderen zuvor. Diese Entwicklung wird sich fortsetzen. Die durchschnittliche Lebenserwartung wird stetig steigen. Gleichzeitig fühlen wir uns immer jünger (als wir sind). Warum sollte das ausgerechnet bei Ihnen anders sein?

Kurzum: Sie haben noch allerhand zu erleben. Vielleicht sind es noch zehn bis fünfzehn Jahre Berufstätigkeit, die Sie zu gestalten haben. Falls das Ganze mit dem Generationenvertrag irgendwann nicht mehr klappen sollte, möglicherweise auch mehr. Warum auch nicht?

Stellen Sie sich doch einmal vor, Sie hätten einen Job, der Ihnen großen Spaß und viel Abwechslung bietet. Warum sollten Sie aufhören zu arbeiten? Es muss ja dann nicht mehr in Vollzeit sein. So könnten Sie mit einem erfüllenden Berufsleben ein wenig Ihre Rente aufbessern und sich für den restlichen Tag anderen inspirierenden Aufgaben zuwenden. Oder können Sie sich das nicht mehr vorstellen, morgens gerne zur Arbeit zu fahren? Von der täglichen Arbeit mehr Lebensenergie zurückzuerhalten, als Sie dafür einsetzen?

Halten Sie vielleicht schon seit Jahren an einer demotivierenden Anstellung fest, weil Sie Bedenken haben, noch einmal etwas Besseres zu finden? Möglicherweise sind Sie aber auch schon von einer Kündigung betroffen, weil Sie viel zu lange in einer frustrierenden Anstellung ausharrten und Sie nur darauf zu warten brauchten, bis auch anderen auffiel, dass deshalb Ihre Leistung, Ausstrahlung und Motivation immer schlechter wurden? Vielleicht ist auch alles super gelaufen. Sie hatten lediglich das Pech, ein Opfer von Rationalisierungsmaßnahmen zu sein und sind nun tief enttäuscht, dass man Sie abserviert hat. Oder liegt bereits eine lange, erfolglose Bewerbungsphase hinter Ihnen, weil Sie nostalgische Bewerbungsstrategien verfolgten, die schon vor Jahren nicht mehr richtig funktionierten?

Trifft keiner der vorgenannten Punkte auf Sie zu, dann sind Sie ein Glückspilz! Viele aus Ihrer Generation waren und sind oft von solchen Umständen betroffen. Falls Sie sich doch angesprochen fühlen, gibt es keinen Anlass, den Kopf hängen zu lassen. Es gibt für Ihre Ausgangssituation innovative und leicht nachvollziehbare Strategien, die Ihnen sehr helfen werden. Jedoch wartet auf Sie ein praxisorientiertes Buch. Es wird Ihnen Arbeit machen. Vieles wird von Ihrer Einsatzbereitschaft abhängen. Zudem werde ich Sie auffordern, ab sofort Ihr Schicksal selbst in die Hand zu nehmen. Sie werden aktiv nach Ihrem Glück suchen müssen. Als Gegenleistung bekommen Sie von mir alle Instrumente an die Hand, die Sie dazu benötigen. Zudem werde ich Ihnen Wege aufzeigen, die tatsächlich funktionieren!

So können Sie schon in diesem Augenblick den ersten Schritt tun: Ich empfehle Ihnen, Ihre Suche nach einer neuen Berufstätigkeit nicht schon als allerletzte Chance zu sehen. Sie müssen mit Ihrem nächsten Job nicht gleich eine endgültige Lösung für die komplette Zeit bis zu Ihrer Rente anstreben. Es kommt meist anders, als man denkt, wie Sie sicher aufgrund Ihrer enormen Lebenserfahrung selbst am besten wissen. In Ihrem Leben wird garantiert noch viel Spannendes auf Sie zukommen. Sie sind zwar definitiv kein Jugendlicher mehr, dennoch ist es jetzt noch zu früh, so zu tun, als würden Sie kurz vor dem Ruhestand stehen. Nehmen Sie also die existenzielle Komponente aus Ihrer Jobsuche heraus!

Natürlich gibt es Unannehmlichkeiten beim Älterwerden: So werden Sie es immer schwerer haben, einen Waschbrettbauch Ihr Eigen zu nennen. Auch der Wunsch nach einer Modelfigur wird illusorisch bleiben. Weiterhin hat sich so manches Grübchen in Ihrem Antlitz zu einer eindeutig erkennbaren Rille gemausert. Das jahrzehntelange Zerren der Erdanziehungskraft an Ihrem Körper wird ebenso seine Wirkung gezeigt haben. Vielleicht können Sie auch das Kleingedruckte einer Speisekarte nicht mehr gestochen scharf sehen (natürlich nur bei gedämmten Licht). Vieles wird sich verändert haben, das Sie täglich mit der Nase darauf stößt, nicht mehr zwanzig zu sein. Für berufliche Belange spielen diese Faktoren allerdings nicht die entscheidende Rolle (Ausnahme: Formel-1-Fahrer, Topmodel, etc.), schließlich können Sie noch hören, um zu tun, was man Ihnen sagt, und Sie können denken, sehen und sprechen, um Ihren Job zu machen. Zudem haben Sie eine gewaltige Berufs- und Lebenserfahrung, die Ihnen sicher dabei helfen wird, die eine oder andere Herausforderung aus dem Handgelenk zu meistern.

Jedoch gibt es auch ernstzunehmende Aspekte, die sich nachteilig im Wettbewerb um die besten Jobs auswirken: Wahrscheinlich werden Sie im Laufe der Zeit bei Ihrer Denkweise eine Veränderung bemerkt haben. Nicht, dass Sie jüngeren Bewerbern intellektuell maßgeblich unterlegen wären – nein, soweit ist es noch nicht (auch die Jugend leidet ab und zu unter Konzentrationsstörungen und Vergesslichkeit). Vielmehr besteht eine gewisse Gefahr, dass Sie die Region zwischen Ihren Ohren nur noch statisch nutzen. Vielleicht haben Sie schon so viel Lebenserfahrung gesammelt, aufgrund derer Sie auf vieles eine Antwort wissen. Möglicherweise haben Sie zu allem einen passenden Erfahrungswert aus Ihrer Vergangenheit parat, der Sie davor bewahrt, sich unvoreingenommen in Neues zu stürzen. Auch dies kann natürlich vorteilhaft sein, schließlich schützt Sie das vor vielen jugendlichen Leichtsinnsfehlern. Zudem haben Sie Wissen erworben, das niemand unter 30 bietet. Gewiss haben Sie auch einen unschlagbaren Blick für das Machbare entwickelt und können klare Prioritätten setzen. Nichtsdestotrotz kann zu viel Vergangenheitsorientiertes zu einer starren Lebenshaltung führen, die es Ihnen unmöglich macht, sich offen auf Neues einzulassen. Falls Sie manchmal ein gewisses Defizit an Neugierde und Veränderungsmut an sich bemerken, sollten Sie sich nochmal ins Gedächtnis rufen, dass die komplette Zeitspanne, die Sie bisher als Erwachsener erlebt haben, wahrscheinlich noch einmal vor Ihnen liegt. Finden Sie nicht, dass es noch ein wenig zu früh ist, sich einen zu starren Plan zu machen? Also: Öffnen Sie sich für Neues! In diesem Ratgeber wird es davon zur Genüge geben. Gehen Sie Ihre Zukunft unvoreingenommen an!

Bei Ihrer Art und Weise die Welt zu sehen, werde ich Ihnen im Weiteren nicht helfen können, allerdings bei einem Nachteil, den es tatsächlich aufgrund Ihres Lebensalters gibt: Sie sind wahrscheinlich zu teuer – Sie haben zu viel Know-how! Langjährig erworbene Kenntnisse und Fähigkeiten haben ihren Preis. Das wissen auch Arbeitgeber. Und viele können sich Sie nicht mehr leisten. Solche Unternehmen suchen heute jüngere Bewerberinnen und Bewerber, die es billiger machen. Ein schwergewichtiges Argument gegen Sie. Treffen Sie auf solche Firmen, die mit Argusaugen ihre Personalkosten beobachten, werden Sie sich gegen jüngere Kandidatinnen und Kandidaten nur schwer durchsetzen können. Es wird heute bei vielen Unternehmen, insbesondere bei Großkonzernen, kurzfristiger und damit leider auch unlogischer gedacht. Das schnelle Ergebnis zählt. Der Shareholder-Value ist maßgeblich, egal ob teure Folgekosten entstehen. Selbst chaotische Betriebsabläufe oder der Arbeitsfrust von Mitarbeitern werden in vielen Fällen in Kauf genommen. Dies alles soll Sie aber nicht weiter stören, schließlich sind Sie Arbeitnehmer. Sie genießen die Freiheit, inkompetente Arbeitgeber gegen bessere austauschen zu können. Auch dabei werde ich Ihnen mit diesem Ratgeber behilflich sein.

Alles in allem sind aber Ihre Aussichten gar nicht so schlecht – um nicht zu sagen hervorragend. Die Anspruchshaltung mancher Firmen junges, kostengünstiges und zugleich qualifiziertes Personal anwerben zu wollen, bröckelt gerade mangels Bezug zur Realität. Der demografische Wandel führt dazu, dass alle Arbeitskräfte knapp werden, und zwar unabhängig vom Lebensalter. Es wird also keinen ‚Kampf der Generationen' geben. Fachleute schätzen, dass schon in den nächsten Jahren Hunderttausende von Stellen nicht mehr besetzt werden können, auch dann, wenn die Wirtschaft gerade nicht boomt. Viele Arbeitgeber (zumindest die cleveren) beginnen deshalb schon jetzt, sich wieder nach erfahreneren Arbeitnehmern umzusehen. Davon werden Sie in Zukunft erheblich profitieren. Darüber hinaus sehnt man sich wieder nach Persönlichkeitsmerkmalen, die Ihrer Altersgruppe zugeschrieben werden. Das betrifft in der Hauptsache Verlässlichkeit, Loyalität, Disziplin und Realitätssinn. Von guten und vor allem respektvollen Umgangsformen ganz zu schweigen. Mir ist bewusst, dass es sich dabei um sogenannte preußische Tugenden handelt. Es ist heute nicht mehr zeitgemäß, solche Begriffe öffentlich auszusprechen. Auf der Arbeitgeberseite spricht man allerdings gerne darüber, zumindest unter vorgehaltener Hand.

Dennoch ist von Ihnen noch ein bisschen Geduld gefordert: Auch Unternehmen benötigen ihre Zeit, um Veränderungen zu akzeptieren und darauf zu reagieren. Die Zeit ist also noch nicht ganz reif. Noch verstehen viele Arbeitgeber unter einem idealen Kandidaten jemanden, der ein bestimmtes Lebensalter noch nicht überschritten hat.

Sie benötigen demzufolge eine auf Ihre spezifische Situation abgestimmte Strategie, um diesen Wettbewerb mit Jüngeren für sich entscheiden zu können. Dazu liefere ich Ihnen in der Praxis erprobte, neue Bewerbungstechniken. Dadurch versetze ich Sie in die Lage, trotz Ihres Lebensalters, noch einmal das berufliche Glück finden zu können. Darüber hinaus erhalten Sie weiterführende Karrierestrategien, mit denen Sie Ihre zweite Lebenshälfte gegen berufliche Unwägbarkeiten absichern können.

Mit diesem Ratgeber werden Sie also nicht nur Ihre Jobsuche erfolgreich meistern, Sie schaffen auch Voraussetzungen für weitere, erfüllende Berufsjahre. Seien Sie mutig und lassen Sie sich keine Angst machen. In der Summe biete ich ein präzise strukturiertes Gesamtkonzept, dem Sie nur Schritt für Schritt folgen brauchen.

Viel Spaß beim Lesen und Umsetzen!

1 Neue Strategien verfolgen

Bevor ich Ihnen die grundsätzliche Strategie für Ihr berufliches Glück vorstelle, werde ich zunächst ganz nüchtern einige Realitäten der heutigen Arbeitswelt beschreiben. Dann haben wir das vermeintlich Unangenehme schon einmal hinter uns: Je früher Sie das dynamische Berufsleben des 21. Jahrhunderts akzeptieren, desto besser. Machen Sie Ihren Frieden damit, dass das einzig Stetige die Veränderung ist. Im Gegenzug werde ich Ihnen aufzeigen, wie Sie scheinbar schlechtere berufliche Rahmenbedingungen positiv für Ihre eigene Zwecke nutzen können. Verlorengegangene Sicherheiten können durchaus durch neue kompensiert werden.

Sie haben noch die ‚goldenen Zeiten' erlebt: Sichere Arbeitsverhältnisse, die manchmal über Jahrzehnte bestanden. Unternehmensstrukturen und Arbeitsabläufe, die über Jahre hinweg nahezu statisch blieben. Wettbewerbs- und Marktkonstellationen, die sich für Ihren Arbeitgeber gar nicht oder höchstens langsam wandelten. Gehälter, die nahezu automatisiert anstiegen und professionelle Personalauswahlverfahren, für die sich die Unternehmen Wochen bis Monate Zeit nehmen konnten.

Dies alles ist jedoch mehr oder weniger vorbei. Die Hintergründe dieser dynamischen Entwicklung sind hauptsächlich in der heute globalisierten Welt zu suchen.

1.1. Globalisierung akzeptieren

In Ihrer Bewerbungsphase werden Sie sich mit Arbeitgebern konfrontiert sehen, die einen harten Sparkurs fahren. Die Ursachen liegen in der

Hauptsache darin, dass insbesondere viele Großkonzerne noch immer keine Rezepte für die härteren, globalen Wettbewerbsbedingungen gefunden haben. Rationalisierungsmaßnahmen, Umstrukturierungen, Mitarbeiterfluktuation sowie permanente Unternehmenszukäufe oder Spartenverkäufe sind die Indizien fachlicher Defizite oder der Hilflosigkeit von Führungsriegen. Daneben unterwerfen sich immer mehr Manager der Mode, zweistellige Zuwachsraten zu verfolgen, um sich zu profilieren oder die Aktionäre zufrieden zu stellen. Andere Firmen wiederum, erhöhen durch eingesparte Personalkosten einfach und ohne Not ihre Gewinnmargen.

Unabhängig davon, welche Ursachen bestehen, das Resultat ist immer der Anspruch, Kosten senken zu wollen. Das Bild im öffentlichen Dienst ist ähnlich: Überschuldungen, Währungsprobleme, Staats- und Bankenpleiten belasten die öffentlichen Haushalte. Diese Schwierigkeiten sind oft nur das Resultat ratloser und überforderter Amtsträger und Politiker.

Es gibt jedoch auch Hintergründe, die einfach nur in der Natur der Sache liegen: Wir leben im Zeitalter der globalen Veränderungen. Staaten, die noch vor einigen Jahren zu den Schwellenländern zählten, sind im Aufbruch. Sie streben mit unbedingtem Willen nach mehr Wirtschaftswachstum und Wohlstand. Die Bevölkerungen dieser Länder sehnen sich ebenso nach schönen Autos, angenehmen Sozialsystemen, Eigenheimen, Urlaubsreisen und allen anderen Bequemlichkeiten, die hohe Wirtschaftswachstumsraten mit sich bringen. Ein Großteil der Erdbevölkerung ist derzeit in einer gesellschaftlichen und wirtschaftlichen Entwicklungsphase, wie sie die etablierten, westlichen Industrienationen in den 1970er Jahren erleben durften. Insbesondere das ferne Asien, aber auch Osteuropa und Südamerika sind die neuen Musterschüler des Weltmarkts. Selbst einige Nationen Afrikas haben den Status eines Entwicklungslandes längst hinter sich gelassen und sich auf dem Weltmarkt zu ernsthaften Konkurrenten entwickelt. Wir hingegen, die Champions von gestern, wünschen uns die guten alten Zeiten zurück: funktionierende Renten- und Gesundheitssysteme sowie das automatische Anwachsen von Wohlstand und Freizeit.

Zudem treten immer mehr Nationen in den Wettlauf um Ressourcen und Kapital ein. Während vor wenigen Jahren gerade einmal sieben Staaten (G 7) die Weltwirtschaft mehr oder weniger unter sich aufteilten, sind es heute schon mehr als dreimal so viele (G 20). Diese Anzahl neuer, internationaler Marktteilnehmer steigt jedoch permanent weiter und erzeugt einen immer höheren Wettbewerbsdruck auf die ‚alte westliche Welt'.

Diese neuen, härteren Bedingungen treffen als erstes Großkonzerne, die als Global Player aufgestellt sind. Sie geben den Kostendruck an ihre Zulieferer weiter, diese wiederum drücken ihre eigenen Lieferanten im Preis und so setzt sich dieses ‚Spiel' stetig fort. Alle Marktteilnehmer versuchen den Konkurrenzdruck weiterzureichen: Großunternehmen an Kleinbetriebe, schnellere an langsamere, finanzkräftige Firmen an finanzschwache usw. In letzter Konsequenz trifft es diejenigen Unternehmen am härtesten, die am Ende der beschriebenen Kette stehen. Zudem kaufen größere Konzerne kleinere auf oder treiben den Wettbewerb so lange auf die Spitze, bis ein Konkurrent pleitegeht. Dies alles erinnert an Kriege – nur eben im wirtschaftlichen Bereich:

> ▪ **Wir leben im Zeitalter des internationalen Konkurrenzkampfs und der rücksichtslosen Verteidigung von Besitzständen.**

Auch der ganz normale Arbeitnehmer ist direkt von den globalen Veränderungen betroffen. Der Ergebnis- und Erfolgsdruck wird von oben nach unten delegiert. Unternehmensinhaber oder Kapitaleigner sind einem härteren internationalen Wettbewerb ausgesetzt. Dieser Erfolgsdruck wird an die Vorstände oder Geschäftsleitungen weitergereicht. Die derart verschärften Vorgaben erreichen dann die Managementebene. Schließlich erreicht der Druck die untergeordneten Entscheidungsträger und Führungskräfte und diese wiederum, leiten die Problematik weiter an ihre Mitarbeiterinnen und Mitarbeiter. Höhere Arbeitsbelastungen und eine von Ergebnisvorgaben geprägte Atmosphäre sind das Resultat am Ende der Hierarchiekette. Chaotische Arbeitsabläufe und Mitarbeiterfrust sind insbesondere bei Unternehmen, die dem Prinzip des Share-Holder-Value folgen, immer öfter zu beobachten.

Allerdings hört dieses erbarmungslose Spiel noch lange nicht auf: Arbeitnehmer treten schließlich auch als Konsumenten auf. Sie geben den Druck an die Produzenten zurück, indem sie ein kompromissloses Konsumverhalten zeigen. Man kauft verständlicherweise dort, wo es vor allem günstiger, aber auch besser, größer oder schöner ist. Unabhängig davon, aus welcher Region der Erde etwas stammt.

Die globalisierte Welt hat demnach unseren ganz normalen Alltag erreicht. Nahezu alle Teile der Bevölkerung sind heute direkt oder zumindest indirekt vom international härteren Wettbewerb betroffen. Alle nehmen mehr oder weniger bereitwillig an dieser Spirale ‚immer schneller und billiger' teil. Es geht also um neue, zügellose Marktmechanismen, die heute unser Leben nahezu in allen Bereichen bestimmen. Vor diesem Hintergrund ist eines nicht verwunderlich:

- **Arbeitgeber zeigen in ihrer Bewerberauswahl das gleiche Verhaltensmuster wie viele Konsumenten, die das beste Preis-Leistungs-Verhältnis für ihre Einkäufe suchen.**

Oder noch provokativer ausgedrückt: Die Arbeitnehmer werden auf dem Arbeitsmarkt mit dem eigenen Konsumverhalten konfrontiert. Bei den privaten Einkäufen nutzt der Bürger gerne wettbewerbsbedingte Preisvorteile aus, wenn es hingegen um das eigene Berufsleben geht, werden diese Prinzipien eher als unangenehm empfunden.

Dennoch: Es geht kein Weg vorbei, wir haben uns heute auf unkontrollierte Marktmechanismen einzurichten. Fast überall werden wir mit dem freien Kräftespiel zwischen Angebot und Nachfrage konfrontiert. Auch bei der Jobsuche. In Ihrem Fall heißt das, dass Sie in Konkurrenz mit jüngeren Bewerbern stehen, die Ihnen die besten Jobs wegschnappen können. Aber keine Sorge, ich zeige Ihnen im Folgenden auf, wie Sie sich dieser nachteiligen Situation entziehen können.

1.2. Wettbewerb meiden

Wenn Sie die bereits erwähnten Marktmechanismen beachten, ist Ihr Bewerbungserfolg davon abhängig, wie viele vergleichbar qualifizierte Bewerber zu welchem Gehalt bei den gleichen Arbeitgebern ihre Arbeitskraft anbieten. Oder einfacher ausgedrückt: Wie sehr Sie durch andere Kandidaten unter Wettbewerbsdruck stehen.

Leider haben Sie von der aktuellen Politik keine Unterstützung zu erwarten. Unsere derzeitigen Amtsinhaber haben sich schon lange entschlossen, Ihre Bevölkerung schutzlos diesen radikalen Mechanismen auszusetzen. Da macht der Arbeitsmarkt keine Ausnahme. Demnach sind auch Sie bzw. Ihre Arbeitskraft dem freien Kräftespiel zwischen Angebot und Nachfrage ausgesetzt:

■ **Ihre Arbeitskraft ist als eine Dienstleistung aufzufassen, die unter Wettbewerbsbedingungen den Arbeitgebern anzubieten ist.**

Die Akzeptanz dieser nüchternen Sichtweise ist für Ihre spezifische Situation enorm wichtig. Dadurch können Sie viele Konkurrenzkonstellationen mit anderen Bewerbern, die sich um den gleichen Job bemühen wie Sie, besser nachvollziehen und zu Ihrem eigenen Vorteil drehen.

Für Sie heißt das leider nichts anderes, als dass es in erster Linie nicht entscheidend ist, über welche berufliche Qualifikationen Sie verfügen, sondern wie viele weitere Kandidaten vorhanden sind, die das Gleiche anbieten. Demnach haben Sie Ihre beruflichen Fähigkeiten und Kenntnisse nicht absolut, sondern vor allem relativ zu anderen zu sehen. Sie müssen sich daher immer zwei Fragen zugleich stellen:

1. **Über welche Kenntnisse und Fähigkeiten verfüge ich?**

2. **Wie viele weitere, vergleichbare Bewerber/innen gibt es?**

Kommen wir deshalb langsam zum entscheidenden Punkt der hier vorgestellten Strategie. Zur Wiederholung: Ihr Bewerbungserfolg wird grundsätzlich von der Konkurrenzkonstellation mit anderen Bewerbern beeinflusst. Dabei gibt es zwei grundlegende Erfolgsrezepte:

Rezept 1: Besser oder billiger sein als Mitbewerber/innen.

Rezept 2: Sich der Konkurrenzsituation entziehen.

In der Regel verfolgen die meisten Jobsuchenden das erste Rezept. Viele Arbeitssuchende Ihres Jahrgangs begeben sich leichtfertig in einen harten Konkurrenzkampf mit anderen. Sie suchen nach Stellenangeboten in Zeitungen und im Internet oder überschwemmen planlos Personalabteilungen mit Bewerbungen. So schaffen sie sich selbst einen Wettbewerb, den sie nur schwer gewinnen können.

Sie hingegen sollten sich auf das zweite Rezept konzentrieren. Versuchen Sie, sich Ihren Konkurrenten zu entziehen. Diese Anforderung können Sie erfüllen, wenn Sie anderen Bewerbern zuvorkommen:

- **Sie können den Wettbewerb mit anderen Kandidaten stark reduzieren, wenn Sie über offene Positionen informiert sind, die andere Bewerber/innen nicht kennen.**

Dies können Sie ohne Weiteres schaffen, wenn Sie sich mit unveröffentlichten Stellen auseinandersetzen. Solche Positionen sind für Sie der entscheidende Schlüssel für das Finden Ihres neuen beruflichen Glücks. Das Praktische dabei ist, dass Ihnen dabei eine Eigentümlichkeit des heutigen Arbeitsmarkts entgegenkommt:

- **Der Großteil aller interessanten freien Positionen erscheint heute nicht mehr als Stellenangebote in Zeitungen oder im Internet.**

Es geht also um den verdeckten Stellenmarkt. Sind Sie in der Lage, diese sozusagen unsichtbaren Vakanzen zu finden, werden Sie mit Riesenschritten allen anderen Bewerbern davoneilen. Sie können also diesen hochaktuellen Trend des heutigen Arbeitsmarkts nutzen, um sich enorme Bewerbungsvorteile zu verschaffen. Der Zeitgeist spielt Ihnen demzufolge in die Karten. Wie Sie auf diesen Zug aufspringen können, erfahren Sie im nächsten Kapitel.

1.3. Insiderwissen aneignen

Bei offenen Positionen wird zwischen freien Stellen unterschieden, die in Print- und Onlinemedien zu sehen sind und solchen, die öffentlich nicht ausgeschrieben werden. Die Summe der vakanten Positionen, die der Allgemeinheit vorenthalten wird, nennt man den „Verdeckten Stellenmarkt". Demnach trifft man heute folgende Unterscheidung:

- **Der veröffentlichte und verdeckte Stellenmarkt.**

Damit Sie besser verstehen, warum viele Jobangebote im Internet oder in Zeitungen nicht mehr veröffentlicht werden, möchte ich kurz ein paar Worte zu den Ursachen dieser hochaktuellen Entwicklung verlieren. So können Sie die hier vorgestellte Strategie besser nachvollziehen bzw. verinnerlichen.

Folgende Faktoren haben zum verdeckten Stellenmarkt beigetragen und werden im Anschluss näher erläutert:

- **Personalmangel**
- **Persönliche Kontakte**
- **Antidiskriminierungsgesetz**
- **Erfolgsdruck bei Entscheidungsträgern**

Personalmangel

In den letzten Jahren war die Arbeitswelt durch Rationalisierungsmaßnahmen gekennzeichnet. Analysten, Finanzchefs und Controller haben den ‚Kostenfaktor Mensch' entdeckt.

Eingesparte Personalkosten können sehr einfach in Unternehmensgewinne gewandelt werden, um dann als betriebswirtschaftliche Erfolge gefeiert zu werden. Gewaltige Unternehmensgewinne sowie deren enorme Steigerungsraten (trotz einiger sogenannter Wirtschaftskrisen), basieren in vielen Fällen darauf, dass einerseits die Beschäftigungszahl sinkt, aber anderseits die zu erledigende Summe aller Arbeitsaufgaben gleich bleibt oder sogar steigt. Eine größere Arbeitsbelastung eines jeden Mitarbeiters und Entscheidungsträgers ist das Resultat.

Das betrifft im ganz besonderen Maße die Beschäftigten in Personalabteilungen. Es liegt in der Natur der Sache, dass dort kein unmittelbarer Beitrag zum Unternehmensgewinn erzielt werden kann. Solche Abteilungen werden von Geschäftsleitungen eher als unangenehmer Kostenfaktor betrachtet. Das hat dazu geführt, dass Personaler sehr stark von Rationalisierungsmaßnahmen betroffen sind.

In der Summe geht es also um das Thema Kosteneinsparung. Die Veröffentlichung freier Stellen steht dazu im Widerspruch: Die Bearbeitung zahlreicher Bewerbungen sowie das sich daran anschließende Auswahlverfahren kosten Personaleinsatz und damit Zeit und Geld.

Das Beispiel eines Personalauswahlverfahrens, wie es früher üblich war, verdeutlicht dies: Ein Arbeitgeber hat eine freie Stelle zu besetzen. Zunächst muss definiert werden, über welches Anforderungsprofil der potenzielle Kandidat verfügen soll. Es ist eine Stellenbeschreibung notwendig. Danach muss eine Stellenanzeige entworfen werden. Ein Grafiker bzw. Webdesigner ist einzubinden. Die vakante Position wird im Internet oder in der Zeitung geschaltet. Zuarbeitende Mitarbeiter sind einzuweisen und müssen koordiniert werden. Wenn das Stelleninserat erschienen ist, sind Berge von Bewerbungsdaten zu sichten. Entscheidungen sind zu treffen. Das Ganze ist mit Kollegen, Bereichsleitern und Vorgesetzten abzusprechen. E-Mails und Telefonate sind notwendig. Bestätigungs-, Absage- und Einladungsschreiben sind fällig. Termine für Einstellungsgespräche müssen gefunden, organisiert und durchgeführt werden. Unter Umständen haben andere Mitarbeiter, Verantwortliche und sonstige Beisitzer anwesend zu sein. Unbekannte Bewerber, mit denen man noch nie zuvor Kontakt hatte, sind zu bewerten. Risiken sind abzuwägen, ob Daten und Aussagen der Kandidaten glaubhaft sind. Zweitgespräche stehen unter Umständen an. Weitere Entscheidungen, Sitzungen, E-Mails und Telefonate werden erforderlich und, und, und.

Wenn Sie sich nun in die Lage von Beschäftigten oder Verantwortlichen versetzen, die oft nicht wissen wie sie ihr übriges Arbeitspensum schaffen sollen, für welche Variante der Personalauswahl würden Sie sich wohl entscheiden? Diejenige, für welche bereits ein passender Kontakt zur Besetzung einer Position vorliegt? Oder für die eben beschriebene Variante, in der das gesamte Programm eines öffentlich ausgeschriebenen Personalauswahlverfahrens durchgezogen werden muss?

Betrachtet man heute die erhöhte Arbeitsbelastung, ist es mehr als verständlich, wenn Entscheidungsträger bzw. Personalreferenten sich selbst, ihren Bereichsleitern oder Vorgesetzten einreden, dass ein bereits bekannter Kandidat, den man sozusagen schon in der Hinterhand hat (und zwar ohne größeren Aufwand), der Bewerber schlechthin ist. Die Folge ist, dass im Vorfeld keine Stellenanzeige geschaltet wird.

Darüber hinaus darf man die Befürchtung der Arbeitgeber, von einer zu hohen Anzahl eingehender Bewerbungen überrollt zu werden, nicht unterschätzen. Wird für ein gängiges Berufsbild ein Inserat geschaltet, ist der Eingang sehr vieler Bewerbungsunterlagen keine Seltenheit. Verfügt ein Unternehmen über keine ausreichend große Personaldecke, werden administrative Grenzen schnell erreicht. Wenn es zudem noch kein Bewerberportal auf der Homepage des Unternehmens gibt, auf die Bewerberinnen und Bewerber bequem verwiesen werden können, kann das Ganze aus Arbeitgebersicht sehr unangenehme Folgen haben: Arbeitssuchende kommen in Scharen auf die Firma zu und eine Unmenge von Unterlagen müssen angenommen und weiterbearbeitet werden. Wenn einmal eine solche Situation erlebt wurde, überlegt sich so mancher Arbeitgeber, ob er noch jemals eine Stellenanzeige veröffentlicht.

Selbstverständlich gibt es noch genügend Unternehmen, in denen die Arbeitsbelastung der Beschäftigten das Normalmaß nicht übersteigt. Solche Arbeitgeber verfügen über die finanziellen und organisatorischen Voraussetzungen, um eine große Menge eingehender Bewerbungsunterlagen zu bearbeiten sowie viele Einstellungsgespräche zu führen. Dennoch unterliegen viele dem Reiz, eine freie Position unbürokratisch und ohne viel Zeitaufwand, sozusagen unter der Hand, zu besetzen.

Persönliche Kontakte

Die Notwendigkeit persönlicher Kontakte hat im Berufsleben stark an Bedeutung gewonnen. Obwohl soziale Netzwerke seit Menschengedenken die grundsätzlichen Faktoren gesellschaftlichen Zusammenlebens sind, gibt es heute eine Zweiklassengesellschaft unter den Berufstätigen: Die Gruppe der Arbeitnehmer, die über ein funktionierendes berufliches Beziehungsgeflecht verfügen und diejenigen, die vergessen haben eines aufzubauen.

Jedoch überwiegt die Gruppe von Mitarbeitern, die denken als Einzelkämpfer, ohne jegliche Kontakte, Ihr Arbeitsleben bewältigen zu können. Dies ist gut nachzuvollziehen, da berufliche Beziehungen in der Vergangenheit nur in Ausnahmefällen unbedingt notwendig waren. Um dies zu verstehen, möchte ich mit Ihnen einen kleinen kurzen Ausflug in die Soziologie unternehmen: Soziale Beziehungsgeflechte unter Menschen funktionieren grundsätzlich durch das Prinzip ‚Geben und Nehmen'. Es ist unumstritten, dass das ‚Nehmen' komfortable Seiten hat. Die Mühen des ‚Gebens' werden verständlicherweise nur dann nicht gescheut, wenn es unbedingt sein muss. Besonders dann, wenn das eigene Überleben davon abhängt. Diese existenzielle Notwendigkeit der gegenseitigen Unterstützung gibt es in Wohlstandsgesellschaften mit ausgebauten Sozialsystemen nicht. Regelmäßig wiederkehrende Geldflüsse werden durch langfristig bestehende Arbeitsplätze gewährleistet. Kommt es zu Arbeitslosigkeit oder Krankheit, springen staatliche Absicherungssysteme ein, ebenso bei Altersschwäche oder Pflegebedürftigkeit. Funktionierende Rentensysteme regeln die Zeit nach dem Berufsleben. Es gibt für alles und jeden mehr oder weniger eine Grundversorgung. Zudem tragen geerbte Vermögen zusätzlich zur Absicherung von Existenzen bei. Zumindest für das nackte Überleben müssen keine mühseligen sozialen Verpflichtungen eingegangen werden.

Je komfortabler die staatlichen Sicherungssysteme ausgebaut sind, desto weniger sind auf Gegenseitigkeit beruhende Verbindungen unter Menschen notwendig. Soziale Abhängigkeiten unter der Bevölkerung lösen sich auf und Individualisierungsprozesse treten an ihre Stelle. Jedermann kann frei entscheiden, egozentrisch zu leben, ohne dabei Gefahr zu laufen, in eine lebensbedrohende Notlage zu geraten. So weit, so gut.

Das Ganze hat leider einen erheblich negativen Effekt. In solchen individualistischen Gesellschaften sind die grundsätzlichen Regeln für soziale Beziehungsgeflechte kaum noch relevant. Sozialisierende, direkte Kommunikationsformen und Verhaltensweisen werden verlernt. Der existenzielle Zwang zur sozialen Kompetenz und einem verbindlichen Miteinander besteht nicht mehr. Ein-Personen-Haushalte, alleinerziehende Mütter und Väter, exorbitant hohe Scheidungsquoten, einzeln ausführbare Trendsportarten wie Joggen, Fitnesstraining oder Inline-Skating sind typische Indizien für Vereinzelungsprozesse. Sie sind Randerscheinungen von Wohlstandsgesellschaften, die über hochwertige Sozialsysteme verfügen.

Diese Entwicklung wird zusätzlich durch die Anziehungskraft von Internet und Fernsehen verstärkt. Diese Medien sind ebenfalls allein nutzbar. Man muss sich dabei an niemanden anpassen. Man könnte das Ganze auch als einen breiten gesellschaftlichen Individualisierungsprozess bezeichnen.

Allerdings gehört das Zeitalter funktionierender Sozialversicherungssysteme sowie langfristig bestehender Arbeitsplätze inzwischen der Vergangenheit an. Dadurch haben Hilfestellungen, Toleranz und soziale Kompetenz als Bestandteile des finanziellen Überlebens wieder einen höheren Stellenwert erlangt. Je nachdem, in welcher gesellschaftlichen (und natürlich auch finanziellen) Position sich jeder Einzelne befindet, wird das Knüpfen von sozialen und beruflichen Netzwerken wieder das Alltagsleben bestimmen müssen. Immer mehr Menschen erkennen diese Notwendigkeit. Die heute verstärkt vorhandenen Netzwerke im Berufsleben sind eine Folge davon.

Ergo: Der stetig anwachsende Trend zu sozialen und beruflichen Netzwerken trägt maßgeblich dazu bei, dass heute viele interessante Stellen durch persönliche Kontakte vergeben werden. Demgemäß sind diese freien Stellen nicht mehr in Zeitungen oder im Internet zu finden.

Das Antidiskriminierungsgesetz

Grundsätzlich steht außer Frage, dass das „Allgemeine Gleichbehandlungsgesetz (AGG)" notwendig und wichtig ist: Es soll Benachteiligungen von Personen aus Gründen der ethnischen Herkunft, des Geschlechts, der Religion oder Weltanschauung, einer Behinderung, des Alters oder der sexuellen Identität, verhindern.

Leider hat diese Gesetzeslage in einem Punkt zu einer Fehlentwicklung geführt: Viele Unternehmen scheuen mittlerweile das Risiko, ihre internen Stellenanforderungen öffentlich zu nennen. So manches Stelleninserat kann deshalb nicht mehr zielgenau geschaltet und muss in Zeitungen oder im Internet allgemeingültig formuliert werden. Eine zu hohe Menge unpassender Bewerbungen aufgrund zu weit gefasster Inserate wäre die logische Folge. In solchen Fällen wird von einer Veröffentlichung Abstand genommen. Das hat leider zu einer weiteren Reduzierung von veröffentlichten Ausschreibungen geführt. Damit jedoch nicht genug: Es gibt einen weiteren Grund für den Trend zum verdeckten Stellenmarkt.

Erfolgsdruck bei Entscheidungsträgern

Führungskräfte können es sich heute nicht mehr leisten, das Risiko einer Fehlbesetzung einzugehen. Meist ist es ausreichend, eine offene Stelle betriebsintern zu kommunizieren. Eine typische Frage an Mitarbeiter ist oft: „Herr Musterfrau, kennen Sie jemanden, der für die Stelle XY geeignet sein könnte?". Vorausgesetzt, es handelt sich um eine attraktive Position, spricht sich dies in Windeseile herum. Schnell gehen einige interessante Bewerbungen ein, obwohl noch kein Aufwand zur Personalgewinnung betrieben wurde. Liegen dazu persönliche Empfehlungen von Mitarbeitern vor, ist das der Idealfall für jeden Arbeitgeber. Solche Kandidaten sind vertrauenswürdiger. Im Gegensatz zu unbekannten Bewerbern ist es hier erheblich wahrscheinlicher, dass die Unterlagen und die darin gemachten Angaben glaubhaft sind. Das Risiko, die falsche Frau oder den falschen Mann einzustellen, kann deutlich reduziert werden. Dies bringt Sicherheit für alle Mitarbeiter, die für die Auswahl von Personal zuständig und verantwortlich sind. Manche Betriebe zahlen heute sogar Prämien für interne Mitarbeiterempfehlungen.

1.4. Fazit

Das Institut für Arbeitsmarkt- und Berufsforschung der Bundesagentur für Arbeit in Nürnberg (IAB) untersucht regelmäßig die Besetzungswege für offene Arbeitsstellen. Aus diesem Grund liegen Fakten vor: Laut dem IAB-Kurzbericht 26/2011 betrug der Anteil verdeckter Stellen in den letzten Jahren zirka 50 Prozent. Insbesondere bei kleinen bis mittelständischen Unternehmen ist dieser Prozentsatz besonders hoch. Sie haben richtig gelesen – demnach können Sie einen Großteil offener Stellen nicht mehr in den Print- oder Online-Medien entdecken. Insbesondere für Jobsuchende in Ihrem Lebensalter dürfte dieser Anteil deutlich höher liegen.

■ **Die Mehrzahl aller offenen Positionen, die für Ihren Lebensabschnitt geeignet sind, erscheint heute nicht mehr als Stellenanzeige.**

Dies sollten Sie sich immer wieder ins Gedächtnis rufen. Die Anzahl der Jobangebote in Zeitungen oder im Internet dürfen Sie auf keinen Fall mit dem tatsächlichen Umfang aller offenen Positionen auf dem Arbeitsmarkt gleichsetzen. Genau dies tun aber viele Bewerber und Bewerberinnen. Erfahrungsgemäß schlagen sich die meisten um die wenigen passenden Stellen, die sie als veröffentlichte Inserate entdecken. Gut informierte Jobsuchende dürfen sich unterdessen, und zwar unbemerkt von der Bewerbermasse, die Sahnestückchen im verdeckten Stellenmarkt herauspicken.

Wenn Sie sich jetzt darauf spezialisieren könnten, unveröffentlichte Jobangebote zu finden bzw. sich darauf zu bewerben, dann wären Sie doch in der Lage, sich der jüngeren Konkurrenz bequem zu entziehen, richtig? Manchmal könnten Sie dadurch sogar die einzige Bewerberin oder der einzige Bewerber auf eine interessante Stelle sein. Ihr Wettbewerbsvorteil wäre gewaltig, nicht wahr? Ihre Erfolgsaussichten, Ihr neues berufliches Glück zu finden, würden doch dramatisch steigen? Und genau darum geht es in diesem Bewerbungsratgeber.

■ **Verdeckte Stellen spielen für Sie die alles entscheidende Rolle.**

Haben Sie bitte keine Bedenken, dass die Auswahl möglicher Positionen zu gering sein könnte. Rufen Sie sich in Erinnerung, dass der Großteil aller interessanten Vakanzen nie öffentlich ausgeschrieben wird: Die Anzahl offener Stellen, die nicht in Internet oder Zeitungen erscheinen, reicht für Sie völlig aus, einen neuen, attraktiven Job zu finden.

Bevor ich Ihnen aufzeige, wie Sie zum Spezialisten für den verdeckten Stellenmarkt werden, gilt es, einen zusätzlichen Wettbewerbsvorteil für Sie zu schaffen. Wenn Sie Insiderwissen über öffentlich nicht ausgeschriebene Positionen mit einem zeitgemäßen Selbstmarketing ergänzen, kann eine unschlagbare Kombination für Ihren Bewerbungserfolg entstehen. Dazu mehr im nächsten Kapitel.

2 Selbstdarstellung verbessern

Mit sehr hoher Wahrscheinlichkeit bieten Sie aufgrund Ihrer langjährigen beruflichen Vergangenheit enorme Vorteile für Unternehmen. Es ist zu prüfen, ob Sie sich dieser Tatsache wirklich bewusst sind. Wenn ja, drängt sich eine weitere Frage auf: Sind Sie in der Lage, Ihre umfangreichen Kenntnisse und Fähigkeiten auch eindeutig potenziellen Arbeitgebern zu vermitteln?

Leider ist dies bei vielen Bewerbern Ihrer Generation nicht der Fall. Manche sehen den Wald vor lauter Bäumen nicht, schließlich kann man auf einen gewaltigen Schatz von Lebens- und Berufserfahrungen zurückblicken. Zudem sind es solche erfahrene Jobsuchende meist nicht gewohnt, sich ins rechte Licht zu rücken, schließlich war Selbstmarketing in den frühen Jahren ihrer Berufstätigkeit noch nicht notwendig. Man absolvierte seine gewerbliche, schulische oder akademische Berufsausbildung, startete problemlos sein Berufsleben und verweilte dann über viele Jahre oder Jahrzehnte hinweg beim gleichen Arbeitgeber. Großartige berufliche Veränderungen oder Konkurrenzkonstellationen mit anderen Jobsuchenden, bei denen es auf eine professionelle Selbstdarstellung ankam, waren eher die Ausnahme.

Wenn man jedoch heute neue Arbeitgeber sucht, kommt dieser Fähigkeit eine sehr wichtige Rolle zu. Schließlich ist das über Jahre angesammelte berufliche Know-how ein gewaltiger Trumpf, den es auszuspielen gilt! Das heißt, Unternehmen müssen erst einmal darüber in Kenntnis gesetzt werden, dass man Einiges zu bieten hat. Dies kann schriftlich oder digital (in Form von Bewerbungsunterlagen) oder verbal (im Rahmen von persönlichen Gesprächen) sein. Dazu ist man selbstverständlich nur dann in der Lage, wenn man seine fachlichen und charakterlichen Stärken sehr genau kennt. Es ist immer wieder sehr bedauerlich, wenn Jobsuchende eine hochinteressante Stelle entdecken, dabei vielleicht sogar die einzige Bewerberin oder der einzige Bewerber sind und sie nur deshalb den Arbeitgeber nicht überzeugen können, weil sie selbst nicht so recht wissen, warum sie die richtige Kandidatin oder Kandidat sind.

Grundsätzlich dürfen Sie nie vergessen, dass wir mitten in einem demografischen Veränderungsprozess stehen. Dieser gesellschaftliche Wandel wird Ihnen förmlich garantieren, dass alle qualifizierten Arbeitskräfte, egal welchen Alters, früher oder später entsprechend gefragt sein werden. Die Zeit spielt Ihnen in die Karten. Die Voraussetzung für eine Anstellung ist jedoch, dass Sie auch als eine Arbeitskraft wahrgenommen werden, die als qualifiziert gilt. Und damit meine ich nicht irgendwelche Abschlüsse, die schon viele Jahre zurückliegen. Das sind alte Kamellen. Es geht in Ihrem Fall um Ihre Berufserfahrungen.

Auf dem Arbeitsmarkt besteht seit einiger Zeit der Trend, hauptsächlich Praxiskenntnisse einzufordern, während theoretisch erworbene Berufsabschlüsse erst in zweiter Linie maßgeblich sind. Auch diese Tatsache unterscheidet sich deutlich zu jener früherer Jahre. Noch bis in die 1990er Jahre hinein war eine hochwertige Berufsausbildung für sich alleine betrachtet, beispielsweise ein akademischer Titel, ein Garant für eine steile und nachhaltige Karriere. Diese Automatismen gibt es heute nicht mehr. Aber auch diese vermeintlich nachteilige Entwicklung wird sich speziell für Sie sehr positiv auswirken:

- **Der Trend auf der Arbeitgeberseite, in der Hauptsache an Praxiskenntnissen interessiert zu sein, ist für Sie sehr vorteilhaft, schließlich bieten Sie mehr als genug davon.**

Es gibt also zahlreiche Gründe, zunächst Ihre Kernkompetenzen ein wenig näher unter die Lupe zu nehmen. Ist das Ganze erst einmal ausgearbeitet, werden Sie Folgendes an sich bemerken:

- **Sie werden sich darüber bewusst, dass Sie beruflich bedeutend mehr zu bieten haben als Sie derzeit vermuten.**

- **Sie sind dann in der Lage, Arbeitgeber über Ihre Kenntnisse und Fähigkeiten vollständig und eindeutig zu informieren, schriftlich als auch verbal.**

- **Die Grundlagen für Ihre selbstsichere und positive Selbstdarstellung werden geschaffen.**

Damit Sie in den Genuss dieser positiven Effekte kommen, stehen nun folgende Aufgaben an:

- **Analyse Ihrer fachlichen und charakterlichen Stärken.**
- **Übertragung der Ergebnisse in Ihre Bewerbungsunterlagen.**
- **Digitale Aufbereitung Ihres Profils für den Onlineversand.**

Ich beginne zunächst mit der Analyse Ihrer Stärken, das heißt mit der Erarbeitung Ihres beruflichen Profils.

2.1. Verbale Selbstdarstellung

Die Gesamtheit aller beruflichen Kenntnisse und Fähigkeiten bezeichnet man als ‚berufliches Profil‘. Möchten Sie dieses einem möglichen Arbeitgeber vorstellen, muss es Ihnen zuerst einmal bekannt sein. Es ist also auszuarbeiten. Wenn Sie sich dabei ausführlich mit Ihren Stärken beschäftigen, werden Sie sich ‚selbst‘, Ihrem Profil, ‚bewusst‘. So entsteht ‚Selbst-Bewusstsein‘. Daraus resultiert ein gewisses ‚Gefühl‘ für den eigenen beruflichen ‚Wert‘. Ein ‚Selbstwert-Gefühl‘ ist die Folge, das idealerweise zu ‚Selbst-Vertrauen‘ und schließlich zu ‚Selbst-Sicherheit‘ führt. In der Summe werden sich nicht nur Ihre Ausstrahlung und Ihr Auftreten, auch Ihre verbale Selbstdarstellung wird sich verbessern.

Wenn es um die Untersuchung Ihrer Stärken geht, haben Sie sich grundsätzlich mit den drei ‚Ws‘ zu beschäftigen:

- **<u>W</u>as will ich?**
- **<u>W</u>as kann ich?**
- **<u>W</u>as ist machbar?**

Als erstes haben Sie sich die Frage zu stellen, welche Berufstätigkeit Sie anstreben möchten. Es ist zunächst nicht weiter tragisch, falls Sie darauf keine eindeutige Antwort wissen. Meist ist es schon ausreichend, wenn Sie sich auf einen Aufgabenbereich oder auf eine Bandbreite möglicher Tätigkeiten festlegen. Im Rahmen der hier vorgestellten Strategie werden Sie später, während Ihrer Jobsuche, mit einer großen Menge von Informationen in Berührung kommen. Dadurch ergeben sich erfahrungsgemäß neue Gesichtspunkte. Wahrscheinlich werden sich währenddessen Ihre beruflichen Wünsche (Was will ich?) einige Male leicht verschieben.

Dennoch müssen Sie zunächst eine Entscheidung treffen, in welche grobe Richtung Ihre berufliche Reise gehen soll. Haben Sie ruhig den Mut, zunächst ein anspruchsvolles Ziel in die folgende Tabelle einzutragen. Falls sich dieses im Laufe Ihrer Bewerbungsphase doch als unrealistisch herausstellen sollte (Was ist machbar?), werden Sie dies schnell bemerken. Danach können Sie immer noch Kompromisse eingehen.

Was will ich?	Notizen
Welche Tätigkeit oder welches Aufgabengebiet strebe ich an?	
Bevorzuge ich eine bestimmte Branche? Wenn ja, welche?	

Haben Sie Ihre Wünsche eingetragen, müssen Sie sich im Anschluss darüber Gedanken machen, was Sie im Gegenzug zu bieten haben, um Ihre beruflichen Ziele erreichen zu können (Was kann ich?). Hierfür müssen Sie alle Ihre bisherigen Kenntnisse und Fähigkeiten eingehend überdenken. Selbstverständlich liegt es in der Natur der Sache, dass Sie dabei aus dem Vollen schöpfen können. Schließlich haben Sie schon einige Jahre Berufsleben gemeistert. Mit hoher Wahrscheinlichkeit bieten Sie ein enormes Know-how. Grundsätzlich besteht dieses aus zwei Bestandteilen:

- **Fachliche Stärken (Hardskills)**
- **Charakterliche Stärken (Softskills)**

2.1.1. Fachliche Stärken

Zum fachlichen Teil Ihres Profils zählen in der Hauptsache Ihre Praxis-kenntnisse. Selbstverständlich gehören auch Ihre Berufsausbildung sowie Fort- und Weiterbildungen dazu. In Ihrem spezifischen Fall muss jedoch berücksichtigt werden, dass Ihr ursprünglicher Berufsabschluss oder sons-tige lange zurückliegende Fort- und Weiterbildungen keine größere Rolle mehr spielen. Erstens aus dem bereits erwähnten Trend zur Berufspraxis und zweitens, weil es wahrscheinlich schon eine kleine Ewigkeit her ist, seit Sie Ihren Berufsabschluss absolvierten. Niemand erwartet, dass Sie von den damaligen Ausbildungsinhalten noch heute profitieren können:

■ **Zu Ihren fachlichen Stärken zählen in der Hauptsache Ihre Berufserfahrungen.**

Es ist am effektivsten, wenn Sie Schritt für Schritt vorgehen. Gehen Sie Ihren Lebenslauf zunächst Station für Station durch. Als erstes betrachten Sie Ihre aktuelle bzw. letzte berufliche Situation. Von hier aus gehen Sie dann in Ihrem Leben Jahr für Jahr zurück. Stellen Sie sich dabei nur eine einzige Frage:

■ **Wann und wo habe ich was gemacht?**

Auf den nächsten Seiten folgen nun Tabellen, in denen Sie sich zu jeder einzelnen Lebenslaufstation Ihre Notizen machen können. Grundsätzlich sind nur solche Praxiskenntnisse umfangreich zu beschreiben, die nicht älter als zehn bis fünfzehn Jahre her sind (je nachdem wie relevant Ihre Erfahrungen für den aktuellen Berufswunsch sind). Bei Berufserfahrungen die weiter zurückreichen, genügen wenige Stichworte je Station aus. Zu-nächst notieren Sie sich alle Aufgaben und Verantwortlichkeiten im Rah-men der jeweiligen Beschäftigungsverhältnisse. Sie brauchen jetzt noch nicht in ‚bedeutend' oder ‚unbedeutend' zu kategorisieren. Das Ziel dieses ersten Schrittes ist lediglich, eine wertfreie Stoffsammlung aller Aktivitäten Ihrer Laufbahn zu erhalten.

Im Kopf der folgenden Tabelle sind grundlegende Berufserfahrungen aufgelistet. Diese Stichworte helfen Ihnen dabei, dass Ihnen Tätigkeiten, Einsatzbereiche und Verantwortlichkeiten schneller einfallen (Was kann ich?). Mit dieser Gedankenstütze werden Sie sich einiges notieren können. Denken Sie sich jetzt in jede Ihrer beruflichen Station hinein und prüfen mithilfe der Stichworte, welche Aufgaben Sie bewältigten und welche Positionen Sie innehatten.

1 Was kann ich?	Stoffsammlung		von/bis Monat/Jahr
• Bürotätigkeiten? • Büroorganisation? • Sachbearbeitung? • Auftragsabwicklung? • Buchhaltung • Rechnungen? • Bankkonto • Liquiditätskontrolle? • Budgetverantwortung? • Vollmachten? • Personalverantwortung? • Einarbeitung Mitarbeiter? • Verantwortlichkeiten?	• Auszeichnungen/Erfolge? • Verkaufserfolge? • Kundenberatung? • Kundenakquisition? • Sonstiger Kundenkontakt? • Marketing/Promotion? • Lager-/Logistikaufgaben? • Durchführung von Events? • Assistenzen? • Stellvertretungen? • Alleinverantwortungen? • Eigene Projekte? • Einsatz von Fremdsprachen?	• PR, Design und Texte? • Organisation/Konzeption? • EDV/Hardware/Software? • Sonstige IT-Kenntnisse? • Pädagogische Erfahrungen? • Durchführung Schulungen? • Präsentationspraxis? • Technische Entwicklungen? • Konstruktionen? • Sonst. techn. Erfahrungen? • Therapeutische Kenntnisse? • Handwerkliche Aufgaben? • Fort- und Weiterbildungen?	
Beispiel	*MM/JJJJ - MM/JJJJ, **Assistentin der Geschäftsführung bei Muster AG in Musterau** Korrespondenz in Deutsch, Englisch und Russisch, Terminkoordination, Kundenempfang/Kundenbetreuung, Terminierung und Koordination des Verkaufsteams, Führung Kassenbuch und Liquiditätskontrolle, Vollmacht Bankkonto, Konzeption und Durchführung von Firmen- und Kundenevents, SAP R/3, MS Office, Vorbereitung der Belege zur Abgabe beim Steuerberater, Verantwortung und Betreuung neuer Mitarbeiter, Bewerbungsunterlagen sichten, Begleitung von Personalauswahlverfahren.*		
Letzte Position, Firmenbezeichnung, Ort Tätigkeitsbeschreibung?			

Vorletzte Position, Firmenbezeichnung, Ort Tätigkeitsbeschreibung?	
Weitere Position, Firmenbezeichnung, Ort Tätigkeitsbeschreibung?	
Weitere Position, Firmenbezeichnung, Ort Tätigkeitsbeschreibung?	
Weitere Position, Firmenbezeichnung, Ort Tätigkeitsbeschreibung?	

2 Berufsausbildung oder Studium	Stoffsammlung	von/bis Monat/Jahr
Wo, wann, Abschluss? - Zusatzabschluss? - Fachrichtung?		
Wo, wann, Abschluss? - Zusatzabschluss? - Fachrichtung?		

3 Schule	Stoffsammlung	von/bis Monat/Jahr
Höchster Schulabschluss - Bezeichnung des Abschlusses?		
(und/oder) Höchster Abschluss bei einem sonstigen Bildungsträger - Bezeichnung des Abschlusses?		

4 Sonstige Kenntnisse und Fähigkeiten	Stoffsammlung	von/bis Monat/Jahr
Aktuelle Fort- und Weiterbildungen?		
Ehrenamtliche und gemeinnützige Tätigkeiten?		

4 Sonstige Kenntnisse und Fähigkeiten	Stoffsammlung	von/bis Monat/Jahr
Verantwortlichkeiten in Vereinen, Verbänden oder Ähnlichem?		
Berufsrelevante Hobbys?		
Führerscheine und weitere Zulassungen?		
Sprachkenntnisse und Sprachreisen?		
Hard- und Softwarekenntnisse?		
Sonstiges?		

Sind Sie damit fertig, liegen Ihnen nicht nur jede Lebenslaufstation, sondern auch alle bisher erworbenen Kenntnisse und Fähigkeiten vor.

Im nächsten Schritt haben Sie die Relevanz Ihrer Aufzeichnungen zu prüfen. Dabei geht es nicht um die einzelnen Stationen per se (diese sind immer wichtig), sondern um die dazugehörigen Notizen.

- **Überlegen Sie, welche Ihrer praktischen Kenntnisse für einen Arbeitgeber wichtig sein könnten.**

Unternehmen sind in letzter Konsequenz auf Gewinnerzielung ausgerichtet. Diese haben ihre Einnahmen zu erhöhen und Kosten zu senken. Betrachten Sie Ihre Stoffsammlung und stellen sich folgende Fragen:

- **Welche meiner notierten Punkte sind in Bezug meines Berufswunschs relevant?**
- **Welche Punkte können meine Einarbeitungszeit reduzieren?**
- **Welche Vorteile bieten diese für den Chef oder für das Unternehmen?**
- **Was könnte mich von anderen Bewerbern mit vergleichbarer Qualifikation abheben?**

Gehen Sie also Punkt für Punkt Ihrer Notizen noch einmal durch und spielen Sie ein bisschen Detektiv: Welche Schnittmenge gibt es zwischen dem was Sie bieten, und dem was ein Arbeitgeber wohl wünscht. Auch, wenn Sie nicht zu jedem Punkt Ihrer Stoffsammlung eindeutige Aussagen zur Relevanz treffen können, die Beschäftigung mit diesen Themen ist eine unbedingte Voraussetzung dafür, um die Machbarkeit Ihrer beruflichen Wünsche abschätzen zu können. Darüber hinaus werden Sie sich des Wettbewerbs mit anderen Jobsuchenden bewusst.

Wenn Sie Ihre Berufserfahrungen ausreichend bewertet und mit Personen Ihres Vertrauens besprochen haben, folgt der letzte Schritt:

- **Streichen Sie alle Stichpunkte aus der Stoffsammlung, die für Ihre angestrebte Tätigkeit nicht relevant sind.**

Damit entsteht eine Essenz Ihrer maßgeblichen fachlichen Stärken.

2.1.2. Charakterliche Stärken

Wir widmen uns nun Ihren Charaktereigenschaften (Softskills). Diese sind der zweite Bestandteil Ihres beruflichen Profils. Sie verfügen über viele charakterliche Stärken, die für Arbeitgeber interessant sind. Im Folgenden können Sie mögliche Eigenschaften einschätzen. Nehmen Sie sich genügend Zeit und gehen Sie Punkt für Punkt in Ruhe durch:

Was kann ich?	Sehr gut	Gut	Durchschnitt- lich	Unterdurch- schnittlich	Nicht vorhanden
Allgemeinwissen	☐	☐	☐	☐	☐
Analytische Fähigkeiten	☐	☐	☐	☐	☐
Anpassungsvermögen	☐	☐	☐	☐	☐
Arbeitseffizienz	☐	☐	☐	☐	☐
Aufgeschlossenheit	☐	☐	☐	☐	☐
Beobachtungsgabe	☐	☐	☐	☐	☐
Begeisterungsfähigkeit	☐	☐	☐	☐	☐
Blick für das Machbare	☐	☐	☐	☐	☐
Detailtreue	☐	☐	☐	☐	☐
Diplomatisches Geschick	☐	☐	☐	☐	☐
Durchhaltevermögen	☐	☐	☐	☐	☐
Durchsetzungsvermögen	☐	☐	☐	☐	☐
Eigeninitiative	☐	☐	☐	☐	☐
Einfühlungsvermögen	☐	☐	☐	☐	☐
Eigenverantwortung	☐	☐	☐	☐	☐
Entscheidungsfreude	☐	☐	☐	☐	☐
Geduld	☐	☐	☐	☐	☐
Gehobene Umgangsformen	☐	☐	☐	☐	☐
Herzlichkeit	☐	☐	☐	☐	☐
Kommunikationsfähigkeit	☐	☐	☐	☐	☐
Kontaktfähigkeit	☐	☐	☐	☐	☐
Kooperationsfähigkeit	☐	☐	☐	☐	☐
Konzentrationsfähigkeit	☐	☐	☐	☐	☐
Kreativität	☐	☐	☐	☐	☐
Körperliche Fitness	☐	☐	☐	☐	☐
Kundenorientierung	☐	☐	☐	☐	☐
Lernbereitschaft	☐	☐	☐	☐	☐
Leistungsfähigkeit	☐	☐	☐	☐	☐
Logisches Denkvermögen	☐	☐	☐	☐	☐
Loyalität	☐	☐	☐	☐	☐

Was kann ich?	Sehr gut	Gut	Durchschnitt-lich	Unterdurch-schnittlich	Nicht vorhanden
Optimismus	☐	☐	☐	☐	☐
Organisationsfähigkeit	☐	☐	☐	☐	☐
Positives Denken	☐	☐	☐	☐	☐
Praktische Intelligenz	☐	☐	☐	☐	☐
Qualitätsbewusstsein	☐	☐	☐	☐	☐
Problemlösungskompetenz	☐	☐	☐	☐	☐
Realitätssinn	☐	☐	☐	☐	☐
Selbstdisziplin	☐	☐	☐	☐	☐
Selbstständigkeit	☐	☐	☐	☐	☐
Soziale Kompetenz	☐	☐	☐	☐	☐
Sprachgewandtheit	☐	☐	☐	☐	☐
Stressbeständigkeit	☐	☐	☐	☐	☐
Technisches Verständnis	☐	☐	☐	☐	☐
Teamgeist	☐	☐	☐	☐	☐
Toleranz	☐	☐	☐	☐	☐
Verantwortungsbewusstsein	☐	☐	☐	☐	☐
Überzeugungskraft	☐	☐	☐	☐	☐
Unternehmerisches Denken	☐	☐	☐	☐	☐
Verkäuferisches Geschick	☐	☐	☐	☐	☐
Zügige Arbeitsweise	☐	☐	☐	☐	☐

Sind Sie damit fertig, versetzen Sie sich wieder in einen Arbeitgeber und denken zudem an Ihre Konkurrenz. Stellen Sie sich die beiden, Ihnen bereits bekannten, Fragen:

- **Welche Merkmale sind in meiner gewünschten Berufstätigkeit relevant bzw. bieten Vorteile für einen Arbeitgeber?**
- **Was hebt mich von anderen Bewerbern ab?**

Im Übrigen nennt die Mehrzahl aller Jobsuchenden „Zuverlässigkeit" als Charakterstärke in ihren Anschreiben. Das ist folglich keine einzigartige Stärke, mit denen Sie sich von anderen Bewerbern unterscheiden können.

Demzufolge habe ich charakterliche Selbstverständlichkeiten in der obigen Liste nicht mit aufgenommen.

Zum Schluss müssen Sie sich wieder entscheiden: Streichen Sie alle Ihre nicht ganz hervorstechenden Wesensmerkmale, bis sich Ihre Hauptmerkmale herauskristallisieren. Es sollten etwa drei bis sechs Punkte übrig bleiben. Diese übertragen Sie dann in die nachfolgende Tabelle:

	Charaktereigenschaften
1. Hauptstärke:	
2. Hauptstärke:	
3. Hauptstärke:	
Weiteres Hauptmerkmal:	
Weiteres Hauptmerkmal:	
Weiteres Hauptmerkmal:	

Auch für Ihr Persönlichkeitsprofil sollten Sie andere Menschen um ihre Meinung bitten. Lassen Sie sich ein Feedback geben.

Nach getaner Arbeit liegen Ihnen jetzt zwei Aufstellungen vor: Die Ihrer fachlichen und die Ihrer charakterlichen Stärken – Ihre Hardskills und Ihre Softskills. Sie halten damit die schriftliche Fixierung Ihres gesamten beruflichen Profils in Händen.

Natürlich erfordert es einige Zeit und Konzentration, sein persönliches Profil auszuarbeiten. Dennoch, es rentiert sich: Ich verspreche Ihnen, wenn Sie diese Aufgabe gemeistert haben, werden Sie Ihre Kernkompetenzen automatisch im Kopf haben. Das sind ideale Voraussetzungen, um professionell und vollständig über sich selbst sprechen zu können.

Nun sind Sie in der Lage, den nächsten Schritt zu tun: Sie sind sich nicht nur Ihres beruflichen Wertes bewusst geworden, sondern Sie haben zugleich den Inhalt Ihrer Bewerbungsunterlagen erarbeitet. Erst jetzt können Sie schlagkräftige Unterlagen erstellen.

2.2. Schriftliche Selbstdarstellung

Bewerbungsunterlagen sind schriftliche Instrumente zur Eigendarstellung. Sie sind nichts anderes als die werbewirksame Dokumentation Ihres beruflichen Profils, das heißt, der aussagekräftige, übersichtliche und vollständige Beleg all Ihrer Kenntnisse und Fähigkeiten.

Der Inhalt Ihrer Unterlagen liegt Ihnen nun durch das vorangegangene Kapitel vor. Stellt sich nur noch die Frage, wie das Ganze aufzubereiten ist. Die Ansichten der Arbeitgeber gehen darüber jedoch zum Teil weit auseinander. Ich betone daher ausdrücklich:

- **Es existieren keine Standards zur Gestaltung von Bewerbungsunterlagen.**

Diese Tatsache ist natürlich ärgerlich: Fragen Sie zu diesem Thema mehrere Fachleute, werden Sie wahrscheinlich genauso viele unterschiedliche Meinungen hören. Selbst dann, wenn Sie sich bei verschiedenen Mitarbeitern der gleichen Personalabteilung erkundigen, ist es möglich, dass Sie schon in einem einzigen Unternehmen gegensätzliche Vorstellungen über Bewerbungsunterlagen zu hören bekommen.

- **Ob die Unterlagen als optimal erachtet werden, entscheidet die subjektive Meinung des einzelnen Betrachters.**

Diese kennen Sie aber meist nicht. Sie müssen also mit unterschiedlichen Ansichten rechnen:

- **Die Kunst, Bewerbungsunterlagen zu gestalten, ist, so viele Vorstellungen wie möglich abzudecken.**

Selbstverständlich biete ich Ihnen umfangreiche und langjährige Erfahrungswerte, welche Gestaltungsmerkmale Ihre Bewerbungsunterlagen zu erfüllen haben, um so viele unterschiedliche Arbeitgeberansichten wie nur möglich abdecken zu können. Dennoch ist Ihr Selbstvertrauen gefragt.

Falls Sie hören, dass alle „Personaler" etwas so und so sehen würden, lassen Sie sich bitte nicht beirren. Diese viel zitierten ‚Norm-Personaler', die angeblich identische Ansichten vertreten, gibt es nicht. Zudem müssen Sie damit rechnen, auf der Arbeitgeberseite nicht immer auf Profis zu treffen. Dennoch gilt:

- **Allein die Tatsache, die Ergebnisse Ihrer Profilanalyse dokumentiert zu haben, garantiert Ihnen, über Top-Unterlagen zu verfügen.**

Dies vergisst nämlich das Gros aller Bewerberinnen und Bewerber. Erfahrungsgemäß erfüllt die Mehrzahl aller eingehenden Bewerbungen diese wichtige Anforderung noch nicht einmal ansatzweise. Sie haben richtig gelesen: Noch nicht einmal ansatzweise! Ich befürchte, dass sich die Masse eher über die grafische Gestaltung von Unterlagen den Kopf zerbricht, statt den Inhalt zu optimieren. Die meisten Bewerbungen lassen den Leser, den Personalverantwortlichen, förmlich im Stich. Sie enthalten zu wenig Substanz, um sich eine klare Meinung bilden zu können. Es werden kaum Inhalt und Aussagekraft und somit kein Anlass geboten, den Jobsuchenden zu einem Gespräch einzuladen. Jetzt leuchtet Ihnen sicher ein, dass in Stelleninseraten immer wieder der Hinweis erscheint, dass ausdrücklich „aussagekräftige Bewerbungsunterlagen" erwünscht sind.

Sie hingegen betrifft diese ganze Problematik nicht mehr: Sie haben Ihr Profil, das heißt, alle Ihre fachlichen und charakterlichen Stärken bereits schriftlich vorliegen. Sie müssen diese nur noch repräsentativ in Form von Bewerbungsunterlagen aufbereiten. Die Mühe in den vorangegangenen Kapiteln, Ihr Profil analysiert zu haben, garantiert Ihnen, dieses enorm wichtige Kriterium der Aussagekraft erfüllen zu können.

Im Übrigen werden in der Praxis Unterlagen (zumindest von den Profis) meist in der nachstehenden Reihenfolge gesichtet:

1. **Lebenslauf**
2. **Anschreiben**
3. **Zeugnisse und Zertifikate**

Das bedeutet, dem Lebenslauf wird das Hauptinteresse gewidmet. Erst dann, wenn die darin enthaltenen Daten und Fakten akzeptabel erscheinen, wird das Anschreiben überflogen. Zuletzt sind die Zeugnisse und sonstigen Zertifikate dran. Diese Dokumente dienen in erster Linie dazu, die im Lebenslauf gemachten Angaben zu belegen.

Der Lebenslauf ist demzufolge der wichtigste Teil Ihrer Bewerbung. Dies ist durchaus gut zu verstehen, schließlich sind die darin enthaltenen Angaben durch Ihre Zeugnisse und Belege bewiesen. Zudem kann das Ganze durch die tabellarische Form blitzschnell überflogen werden. Ihr Lebenslauf ist also entscheidend dafür, ob Ihre Unterlagen weiter in der Hand behalten (oder auf dem Monitor gesichtet) oder gleich auf den Stapel ‚Uninteressant' gelegt werden.

- **Dokumentieren Sie Ihr berufliches Profil in der Hauptsache im tabellarischen Lebenslauf.**

Dies wird positiv auffallen. Zudem ist es einfach angenehm und zeitsparend, wenn nicht erst Anschreiben, Zeugnisse oder sonstige Belege zeitraubend durchgearbeitet werden müssen, um sich einen Eindruck über die Bewerberin oder den Bewerber machen zu können. Der Leser muss lediglich einen Blick auf Ihren tabellarischen Lebenslauf werfen und kann dabei alle wichtigen Punkte schnell, übersichtlich und vor allem ganzheitlich aufnehmen. Kommt eine elegante grafische Gestaltung hinzu, entstehen im Ergebnis professionelle Bewerbungsunterlagen.

- **Bewerbungsunterlagen sind nichts anderes als eine Art Werbebroschüre in eigener Sache.**

Diese werden alle Ihre Fähigkeiten, Abschlüsse, Erfahrungen, Eigenschaften und sonstigen Kenntnisse repräsentativ und aussagekräftig darstellen, schließlich möchten Sie Werbung für sich machen.

Sie haben Ihre Arbeitskraft als Dienstleistung einem Unternehmen gegen Gehaltszahlung zu verkaufen. Dieses Prinzip ist Ihnen bekannt, denn Sie beachten es in vielen Bereichen Ihres Lebens automatisch. Wenn Sie beispielsweise einen Pkw veräußern möchten, werden Sie in Ihrer Anzeige sicher nicht schreiben „Fahrzeug kann fahren, hat einen Motor, ein Lenkrad und vier Räder". Sie werden vielmehr von Sonderausstattungen sprechen und grundsätzlich von dem, was Ihr Pkw von anderen Fahrzeugen positiv unterscheidet. Sie werden Ihr Fahrzeug sozusagen ins rechte Licht rücken! Diesen Anspruch werden wir nun mit der Erstellung Ihres Lebenslaufs für Sie ebenso erfüllen.

2.2.1. Tabellarischer Lebenslauf

Zu Inhalt, Struktur und Gestaltung des Lebenslaufs gebe ich Ihnen jetzt einige Empfehlungen, die in der Praxis umfangreich erprobt und auf Seiten der Arbeitgeber (auch mit unterschiedlichen Vorstellungen) auf breite Zustimmung gestoßen sind.

Einarbeitung der Ergebnisse aus der Profilanalyse

Wie bereits erwähnt, muss Ihr gesamtes berufliches Profil aus Ihren Unterlagen schnell ersichtlich sein. Dabei haben Sie grundsätzlich die Wahl zwischen zwei Möglichkeiten, um dies zu realisieren:

1. **Sie fügen Unterpunkte bei den jeweiligen beruflichen Stationen Ihres Lebenslaufs ein, mit deren Hilfe Sie Ihre Berufserfahrungen, das heißt Ihre fachlichen Stärken, eingehender beschreiben.**

2. **Sie fassen die Ergebnisse der Profilanalyse zu einem Erfahrungsprofil zusammen und legen diese als ‚dritte Seite' bei.**

Ob Sie sich nun für ein Erfahrungsprofil oder für einen ausführlichen Lebenslauf inkl. Unterpunkten entscheiden, hängt von Ihrer spezifischen Situation ab. Grundsätzlich gilt, je umfangreicher und erklärungsbedürftiger Ihre Praxiskenntnisse sind, umso eher sollten Sie sich für ein separates Erfahrungsprofil entscheiden (Musterbeispiele erhalten Sie später). In diesem Fall können Sie allein in einem Lebenslauf alle Ihre Kenntnisse und Fähigkeiten nicht mehr übersichtlich unterbringen.

Falls es jedoch möglich ist, Ihre relevanten Stichpunkte aus der Profilanalyse in maximal fünf bis zehn Zeilen je Anstellung unterzubringen, könnte ein angehängtes Erfahrungsprofil ein wenig zu übertrieben wirken. Dann verzichten Sie auf eine zusätzliche Seite und konzentrieren sich ausschließlich auf Ihren eigentlichen Lebenslauf mit den hinzuzufügenden Unterpunkten je Station.

Egal, ob Sie sich nur für einen umfangreichen Lebenslauf oder für ein zusätzliches Erfahrungsprofil entscheiden, es wird für einen Leser eine wahre Wohltat sein, alle Ihre Kenntnisse und Fähigkeiten eindeutig und übersichtlich gegliedert sehen zu können. So erfüllen Sie optimal den Wunsch der Arbeitgeberseite nach „Aussagekraft". Je mehr strukturierte Informationen Sie bieten, desto besser kann sich der Leser einen Überblick über Ihre Stärken verschaffen. Für einen Entscheidungsträger ist es zudem möglich, in wenigen Sekunden alle wichtigen Punkte zu erfassen. Das wird auf jeden Fall Eindruck hinterlassen.

Bewerbungsbild

Ein Bewerbungsfoto wird von Ihnen noch immer erwartet. Natürlich könnten Sie sich auch auf die aktuelle Gesetzeslage berufen (Gleichbehandlungsgesetz) und kein Foto in Ihre Unterlagen integrieren. Dann hätten Sie zwar hundertprozentig Recht, allerdings auch keinen Job.

Räumen Sie Ihrem Bild einen sehr hohen Stellenwert ein. Bedenken Sie, dass auch Entscheidungsträger gängigen menschlichen Verhaltensmustern unterliegen.

- **Das Foto auf Ihrem Lebenslauf wird als erstes betrachtet.**

Unterschätzen Sie diesen Punkt nicht! Sparen Sie nicht am falschen Ende. Lassen Sie sich durch einen guten Fotografen mehrere Varianten anfertigen. Wählen Sie dann dasjenige Foto aus, auf dem Sie die positivste und vor allem vertrauenswürdigste Wirkung erzielen (bitte nicht mit Attraktivität verwechseln). Meist können Außenstehende dies objektiver bewerten als Sie selbst. Zeigen Sie Ihre Fotos deshalb großzügig anderen Menschen und holen Sie sich mehrere Meinungen ein.

Ihr Bild sollte zudem digital vorliegen. Drohende Qualitätsverluste aufgrund des Einscannens von Bildern können so vermieden werden.

- **Lassen Sie sich von Ihrem Fotografen das Foto auf einer DVD/CD oder einem USB-Stick aushändigen.**

Dadurch können Sie Ihr Foto als Datei direkt in Ihren Lebenslauf einfügen (MS Word: Menüleiste/Einfügen/Grafik aus Datei einfügen). Nur noch selten werden Bewerbungsfotos geklebt (meist nur dann, wenn die PC-Kenntnisse des Bewerbers nicht ausreichend sind). Auch wenn der nostalgische Fall eintreten sollte, dass eine klassische Bewerbungsmappe erwünscht wird und Sie Ihre Unterlagen inklusive Foto ausdrucken müssen, ist die Qualität der heutigen Ausdrucke völlig ausreichend. Sie können auf das Einkleben Ihres Bildes also verzichten. Gehen wir weiter zu Ihren persönlichen Daten.

Persönliche Daten

Unter „Persönliche Daten" werden noch immer folgende Angaben erwartet.

- **Vorname Nachname**
- **Geburtsdatum**
- **Geburtsort**
- **Familienstand**
- **Staatsangehörigkeit**
- **Adresse und Kontaktdaten**

Obwohl einige dieser Punkte ebenfalls im Widerspruch zum Antidiskriminierungsgesetz stehen, helfen Ihnen diese theoretischen Vorbehalte nicht weiter. Lassen Sie beispielsweise das Geburtsdatum weg, haben Sie zwar die europäische Rechtsprechung auf Ihrer Seite, aber auch keine Einladungen zu Vorstellungsgesprächen.

Da Onlinebewerbungen per E-Mail die klassischen Bewerbungsmappen fast völlig ersetzt haben, ist es mittlerweile zweckmäßig, Adresse und Kontaktdaten von den persönlichen Daten zu trennen und als „Kopfzeile" zu formatieren. Das heißt, auf jeder Seite Ihrer Unterlagen erscheinen gleichermaßen Name, Anschrift, Telefonnummer und E-Mail-Adresse. Falls bei einer Onlinebewerbung Ihre Unterlagen von der Empfängerseite ausgedruckt werden, entsteht lediglich ein Stapel loser Blätter. Sollte versehentlich einmal alles auseinander fallen, können die jeweiligen Seiten durch einheitliche Kopfzeilen wieder schneller zugeordnet werden. Darüber hinaus könnte es sein, dass nur einzelne Seiten herauskopiert bzw. weiterbearbeitet werden. Unerheblich davon, um welche Seiten es sich handelt, Ihre Kontaktdaten werden so immer präsent sein.

Deckblatt

Ein Deckblatt als erste Seite wird heute oft verwendet (erfahrungsgemäß bei zirka der Hälfte eingehender Bewerbungen, je nach Tätigkeitsbereich und Branche). Darauf sind Ihr Bewerbungsfoto und Ihre persönlichen Angaben zu sehen. Neben dem Vorteil einer repräsentativen ersten Seite hat dies den Effekt, dass mehr Platz auf der Seite des eigentlichen Lebenslaufs zur Verfügung steht. Falls das Layout Ihres Lebenslaufs zu gedrängt wirken sollte, empfehle ich Ihnen, auf jeden Fall ein Deckblatt zu verwenden. Sie haben jedoch die Wahl: Ob Sie eines verwenden oder nicht, wird kein entscheidender Faktor für Ihren Bewerbungserfolg sein.

Gliederung

Die einzelnen Stationen des Lebenslaufs sind zu gliedern. Die Übersichtlichkeit und damit die Lesbarkeit werden deutlich erhöht.

Die nachstehenden Vorschläge für mögliche Gliederungspunkte müssen Sie jedoch für Ihre spezifische Situation zusammenfassen, streichen oder ergänzen:

- **Beruflicher Werdegang**
- **Studium**
- **Berufsausbildung**
- **Schule**
- **Fort- und Weiterbildungen**
- **PC-Kenntnisse**
- **Sprachen**
- **Persönliche Eigenschaften**
- **Sonstige Kenntnisse und Kompetenzen**

Absolvierten Sie beispielsweise in den letzten Jahren viele Fortbildungen, verfügen über sehr viele EDV-Kenntnisse oder haben umfangreiche Sprachkenntnisse vorzuweisen, ist es durchaus vorteilhaft, dafür eigene Überschriften zu kreieren. Ebenso ist es möglich, schon im Lebenslauf seine Charakterstärken aufzuzählen (Alternative: nur im Anschreiben).

Zum Schluss erscheinen dann das Datum und Ihre Unterschrift.

Chronologie und Zeitangaben

Chronologisch hat sich der „Amerikanische Stil" durchgesetzt:

- **Ihr Lebenslauf startet mit Ihrem aktuellen Status an oberster Stelle, wird zeitlich absteigend fortgeführt und endet mit dem höchsten Schulabschluss.**

Natürlich kann auch der konservative „Deutsche Stil" (chronologisch umgekehrte Reihenfolge) verwendet werden. Schließlich gibt es keine festen Standards zum Thema Lebenslauf. Dennoch rate ich Ihnen zur ‚amerikanischen' Variante. Diese ist zeitgemäßer.

Weiterhin sollte Ihr Lebenslauf lückenlos sein. Falls längere Zeiträume unklar bleiben, besteht beim Leser die Neigung, nichts Positives (z.B. Haft, Drogenentzug, Burnout, Schwarzarbeit, chronische Krankheiten, usw.) in die Lücken hinein zu interpretieren.

Im Umkehrschluss müssen Sie es aber auch nicht übertreiben. Zeiträume, die kürzer als drei Monate sind, können Sie unbesorgt vernachlässigen. Zudem empfehle ich Ihnen, das bisher Gesagte konsequent nur für die letzten zehn bis fünfzehn Jahre Ihres beruflichen Werdegangs umzusetzen (je nach Relevanz der jeweiligen Anstellungen für Ihren Berufswunsch). Das heißt jedoch nicht, dass Sie einzelne Stationen Ihrer Laufbahn komplett unterschlagen sollen, nur weil diese etwas länger her sind. Es ist eine Frage des guten Stils, vollständige Daten vorzulegen, außerdem kennen Sie die subjektive Ansicht des Lesers zum Thema Vollständigkeit nicht. Das heißt, Sie zählen zwar auch uralte Positionen auf (Zeitraum, Tätigkeit, Firma, Ort), können dabei aber eine gewisse Großzügigkeit walten lassen. Sie müssen diese nicht mehr näher beschreiben. Zur Not können Sie auch einige unbedeutende Lebenslaufstationen, die zudem für Ihren Berufswunsch keine Rolle mehr spielen, auch zusammenfassen. Auch kleinere zeitliche Lücken, die zig Jahre zurückliegen, brauchen Sie nicht explizit zu erklären.

Zusammengefasst rate ich Ihnen, zumindest für die letzten zehn bis fünfzehn Jahre Ihres Lebenslaufs, folgendes zu beachten:

- **Machen Sie Monats- und Jahresangaben für Ihre Lebenslaufstationen und stellen die zeitliche Lückenlosigkeit sicher.**

Verzichten Sie unbedingt darauf, lediglich Jahreszahlen (also ohne Monatsangaben) für Beginn und Ende einer Anstellung anzugeben. Es ist auf der Arbeitgeberseite hinlänglich bekannt, dass sich nur die Bewerber ausschließlich auf die Nennung von Jahresangaben beschränken, die versuchen einige Lücken zu verschleiern.

Übersichtlichkeit, Grafik und Gestaltung

In puncto Grafik und Gestaltung haben Bewerbungsunterlagen mittlerweile ein recht hohes Niveau erreicht. Natürlich können Sie sich daran anpassen. Allerdings ist eine aufwendige grafische Gestaltung auch immer eine Gratwanderung. Einerseits sollten Ihre Bewerbungsunterlagen positiv auffallen, andererseits sollten diese nicht den Eindruck hinterlassen, dass Sie Ihre Chancen auf dem Arbeitsmarkt eher schlecht einschätzen. Gefragte Kandidaten haben es üblicherweise nicht nötig, mit ihren Bewerbungsunterlagen großen optischen Aufwand zu betreiben. Demzufolge sollten Sie vermeiden, aus Ihren Unterlagen ein gestalterisches Kunstwerk zu machen. Es gibt also keinen Anlass, übertrieben viel Zeit in die grafische Formatierung zu investieren (Ausnahme: kreative/gestalterische Berufe).

Dennoch müssen Ihre Kernkompetenzen übersichtlich und schnell zu erkennen sein. Dies muss das Layout unbedingt gewährleisten:

- **Berücksichtigen Sie, dass der Betrachter Ihrer Unterlagen eventuell unter erheblichem Zeitdruck steht.**

Haben Sie Ihre Bewerbungsunterlagen fertiggestellt, führen Sie einen kleinen Test durch: Zeigen Sie Ihren Lebenslauf einer anderen Person nur dreißig Sekunden lang. Danach befragen Sie sie, über welche Praxiskenntnisse Sie verfügen. Kommen keine Gegenfragen und zudem richtige Antworten, haben Sie in Sachen Übersichtlichkeit gute Arbeit geleistet.

Musterbeispiele

Zur Verdeutlichung der bisherigen Erläuterungen sehen Sie nun einige wenige Varianten für tabellarische Lebensläufe (mit und ohne Deckblätter bzw. Erfahrungsprofile). Selbstverständlich sind noch unzählig weitere Varianten möglich.

Jürgen Mustermann
Schweizer Str. 10 6123 Mustel Telefon: 01 23 / 1 23 45 Mobil: 01 23 / 12 34 56 E-Mail: Muster@mail.ch

Lebenslauf

Name:	**Jürgen Mustermann**
Geburtsdatum:	**TT. Monat JJJJ**
Geburtsort:	**Musterau**
Familienstand:	**Ledig**
Staatsangehörigkeit:	**Schweizer**

Beruflicher Werdegang

02/2012 - heute **Bewerbungsphase**

02/2009 - 12/2011 **Niederlassungsleiter bei ABC GmbH in Mustel**
- Verantwortungsbereich: Vertrieb, Personalakquisition und Marketing
- Aufbau und Etablierung der neuen Niederlassung, Vertriebsregion Süd
- Verkauf von ABC Telekommunikationsdienstleistungen an Geschäftskunden und Carrier
- Alleinige Akquisition aller Key Accounts
- Direkte Leitung eines Führungsteams von 3 Teamleitern
- Umsatzvorgaben regelmäßig erreicht und übertroffen
- Zusammenarbeit und Reporting direkt an die Geschäftsleitung

04/2007 - 12/2009 **Senior Sales Consulting bei 123 AS in Musterstadt, Dänemark**
- Key Accounting aller dänischen Geschäftskunden für die Schweiz
- Verantwortlich für die Bereiche Service, Carrier, Produkte und Logistik
- Verantwortlich für das gesamte lokale Pricing und Marketing
- Verkauf von IP-basierenden Telekommunikationsdienstleistungen
- Marktuntersuchungen sowie Wettbewerbsbeobachtungen
- Leitung eines Teams von fünf Mitarbeitern

08/2005 - 03/2007 **Senior Key Account Manager bei Mustertelefon GmbH in Musteringen**
- Verkauf aller IP-basierenden Kommunikationslösungen wie VoIP, VPN-MPLS und Housing an nationale und internationale Geschäftskunden
- Verantwortlich für RFI, RFP und SLA´s
- Konzeptentwicklung und Bearbeitung übergreifender Services für Key Account Kunden
- Umsatzsteigerung für den Bereich Bestandskunden

09/2001 - 06/2005 **Account Director, Europe Wholesale bei EuropeCom GmbH in Musterau**
- Verkauf aller Telekommunikationsprodukte wie Daten, Sprache, Videokonferenzen und Internet an die Deutsche Muster und Musterfone in Deutschland und deren Niederlassungen im europäischen Ausland
- Verantwortung für Deutschland, Österreich und die Schweiz

Variante 1: Ohne Deckblatt, Seite 1 von 2

Jürgen Mustermann
Schweizer Str. 10 6123 Mustel Telefon: 01 23 / 1 23 45 Mobil: 01 23 / 12 34 56 E-Mail: Muster@mail.ch

07/2000 - 08/2001   **Arbeitssuchend**

06/1997 - 06/2000   **Vertriebsbeauftragter bei Digital Muster AG in Musterdorf**
- Direkter Verkauf des Produktportfolios von 123direct an Großkunden
- Projektleitung für alle Aufträge zur Gewährleistung der Liefertermine und der Stückzahlen in Zusammenarbeit mit allen involvierten Fachabteilungen in Holland
- Bereitstellung technischer Unterstützung für den Bereich Marketing und Vertrieb in Hinsicht auf Verkaufskampagnen

01/1983 - 04/1997   **EDV-Mitarbeiter bei Muster-Verlag GmbH, Musterheim**
- Implementierung und Betreuung eines neuen EDV-Systems

Berufsausbildung und Schule

09/1982 - 01/1983   **Fortbildung am Muster-Institut in Musterburg, Deutschland**
- Abschluss: Zertifizierter Projektmanager nach den internationalen Richtlinien der EFM/GFH Hamburg (Gesellschaft für Projektmanagement e.V. & Europe Project Management Association)

10/1979 - 04/1982   **Berufsausbildung bei Musterwerk in Musrich**
- Abschluss: Bürokaufmann

09/1970 - 05/1979   **Muster-Gymnasium, Musrich**
- Abschluss: Fachhochschulreife

Sonstige Kenntnisse und Fähigkeiten

- Englisch, verhandlungssicher
- Gute Italienisch- und Französischkenntnisse in Wort und Schrift
- Gut vernetzt: Europaweit, insbesondere in Deutschland
- Führerschein, PKW
- Hobby: Social Media Marketing und Erstellung von Internetpräsenzen
- Ehrenamtliche Tätigkeit als Unternehmensberater für Existenzgründer

TT. Monat JJJJ   *Jürgen Mustermann*

Variante 1: Ohne Deckblatt, Seite 2 von 2

49

Sabine Musterfrau
Muster-Straße 100 • 10000 Stadt • Telefon: 0 62 02 / 12 34 56 • E-Mail: muster@email.de

Bewerbung

Sabine Musterfrau

Geburtsdatum:	TT. Monat JJJJ
Geburtsort:	Musterstadt
Familienstand:	verheiratet
Staatsangehörigkeit:	deutsch

Inhalt:	Lebenslauf
	Zeugniskopien
	Zertifikate

Variante 2: Inklusive Deckblatt, Seite 1 von 2

Sabine Musterfrau
Muster-Straße 100 • 10000 Stadt • Telefon: 0 62 02 / 12 34 56 • E-Mail: muster@email.de

Lebenslauf

Berufspraxis

05/2002 - aktuell

Beraterin für Inneneinrichtungen bei Muster AG in Musterstadt
• Auftragsabwicklung von Büroraumkonzepten
• Personaleinsatzplanung
• Reklamationsmanagement
• Vorbereitende Buchhaltungstätigkeiten
• Angebotserstellung
• Lieferanten-, Kunden- sowie Architektengespräche
• Konzeption/Durchführung von Möbelpräsentationen
• Komplette Bandbreite üblicher Büroarbeiten
• Materialbeschaffung

11/1996 - 05/2002

Verkaufsberaterin bei Beispielküchen GmbH & Co. KG in Musterberg
• Beratung und Verkauf von Kücheneinrichtungen
• Warenpräsentation
• Schaufensterdekoration
• Warenbestellung und -prüfung
• Rechnungskontrolle

10/1990 - 10/1996

Einrichtungsberaterin bei Möbel Muster OHG in Musterheim
• Alleinverantwortung für 400 qm Verkaufsfläche

01/1998 - 09/1990

Erziehungszeit

09/1978 - 12/1997

Sachbearbeiterin bei Muster KG in Musterstadt

Schule und Berufsausbildung

09/1976 - 09/1978

Berufsausbildung bei Muster Haus KG in Mannheim
• Abschluss: Kauffrau im Groß- und Außenhandel

09/1975 - 07/1976

Kaufmännische Berufsfachschule in Musterheim
• Abschluss: Mittlere Reife

08/1969 - 07/1975

Hauptschule Musterheim
• Hauptschulabschluss

Sonstige Kenntnisse

• Englisch, einfache Grundkenntnisse
• MS Windows XP, MS Office
• XYZ-Warenwirtschaftssystem
• Führerschein, Klasse B

TT. Monat JJJJ   *Sabine Musterfrau*

Variante 2: Inklusive Deckblatt, Seite 2 von 2

Sabine Muster

Musterstr. 24 • 60000 Musterberg • Telefon: 0 12 23 / 12 34 56 78 • E-Mail: s.muster@mail.de

Bewerbung

S a b i n e   M u s t e r

Geburtsdatum:	TT. Monat JJJJ
Geburtsort:	Musterberg
Familienstand:	Verheiratet
Zwei Kinder:	16 und 18 Jahre
Nationalität:	Deutsch

Zertifikate
Zeugniskopien
Erfahrungsprofil
Tabellarischer Lebenslauf

Variante 3: Inklusive Deckblatt und Erfahrungsprofil, Seite 1 von 4

Sabine Muster

Musterstr. 24 • 60000 Musterberg • Telefon: 0 12 23 / 12 34 56 78 • E-Mail: s.muster@mail.de

Lebenslauf

Beruflicher Werdegang

03/2012 - dato	**Bewerbungsphase**
10/2001 - 02/2012	**Leiterin Sales Promotion bei Muster GmbH in Musterfurt** • Team- und Budgetverantwortung • Erstellung von Marketingplänen • bis 03/2003: Junior Manager Sales Promotion • bis 08/2001: Sales Promotion Associate • Unterbrochen durch eine Erziehungszeit • Details siehe Erfahrungsprofil
09/1997 - 08/2001	**Kreditsachbearbeiterin bei Musterbank AG in Musterstadt** • Details siehe Erfahrungsprofil
02/1997 - 08/1997	**Sekretärin im Logistik- und Speditionsbereich bei Muster Zentralgemeinschaft GbR in Mustershafen** • Details siehe Erfahrungsprofil
03/1987 - 02/1997	**Bankkauffrau bei Musterbank Special AG in Frankfurt** • Details siehe Erfahrungsprofil

Studium

10/1980 - 01/1987	**Studium an der Hochschule Musterhafen**
	• Fachrichtung: Betriebswirtschaftslehre
	• Abschluss: Diplom-Kauffrau
	• Diplomarbeit: "Motivationssysteme für die Bindung bestehender Vertriebsrepräsentanten"
	• Hauptfächer: - Marketingmanagement
	        - Internationale Unternehmensführung
	        - Controlling, Finanz- u. Rechnungswesen

09/1985 - 06/1986	**Zwei Auslandsemester an der Universidad Musto in San Mustian, Spanien** • Fachrichtung: Empresariales
02/1980 - 09/1980	**Wartezeit auf Studienbeginn**

Schule und Berufsausbildung

08/1977 - 01/1980	**Berufsausbildung bei Musterkasse Mannheim** • Abschluss: Bankkauffrau
09/1967 - 06/1977	**Muster-Gymnasium in Musterberg** • Abschluss: Abitur

TT. Monat JJJJ	*Sabine Muster*

Variante 3: Inklusive Deckblatt und Erfahrungsprofil, Seite 2 von 4

Sabine Muster

Musterstr. 24 • 60000 Musterberg • Telefon: 0 12 23 / 12 34 56 78 • E-Mail: s.muster@mail.de

Erfahrungsprofil

Erfahrungen im Sales- und Marketingbereich

- Betreuung der Außendienstmitarbeiter
- Erstellung der Marketingpläne inklusive Forecast
- Gestaltung und Entwicklung von Konzepten/Marketingkampagnen
- Erfolgskontrolle aller Promotions inklusive Bewertung
- Konzeption und Erstellung von Prämienprogrammen
- Koordination der Prämienerstellung und Lagerhaltung
- Durchführung monatlicher Verkaufs- und Produktanalysen
- Leitung des Calls mit der Konzernmutter in den USA und anderen europäischen Töchtern
- Einkauf von Marketingartikeln von der Idee über Planung, Kalkulation, Beschaffung, Lagerung und Versand
- Kalkulation der Jahresmenge von Katalogen, Flyern etc.
- Markt- und Wettbewerbsanalyse
- Reklamationsmanagement sowie die Erstellung eines Empfehlungskatalogs an Hersteller und Lieferanten
- Eigenverantwortliche Produkteinführung
- Produktpräsentation vor Mitarbeitern und Kunden auf Meetings
- Kundenakquisition im Einzelhandel

Erfahrung im Communications- und Eventbereich

- Entwerfen von Texten für Broschüren, Flyern und für die Zeitung der Außendienstmitarbeiter
- Konzeption und Leitung von Produkt-Fotoshootings
- Organisation von Veranstaltungen, Meetings und Kongressen
- Mitkonzeption und Gestaltung der Events und Veranstaltungen
- Ansprechpartnerin vor Ort bei Incentive-Trips (bis zu 450 Personen)

Gruppenleitung

- Personalverantwortung für 6 Mitarbeiter
- Wöchentliche Teamsitzungen
- Leistungsgespräche: Zielvereinbarungen und -kontrolle
- Fachliche Unterstützung und Förderung der Mitarbeiter
- Leitung des Backstage-Teams (ca. 6-8 Mitarbeiter) während des jährlichen Kongresses (an 3 Tagen mit ca. 2.000 Teilnehmern)

Budgetverantwortung

- Budgetverantwortung in Höhe von ca. € 800.000 p.a.
- Ableitung des benötigten Budgets aus den Marketingplänen
- Ständiger Soll-/Ist-Vergleich
- Kontrolle eingehender Rechnungen und Abgleich mit dem Budget
- Korrektur und Anpassung von Budgets und Marketingplänen

Variante 3: Inklusive Deckblatt und Erfahrungsprofil, Seite 3 von 4

Sabine Muster

Musterstr. 24 • 60000 Musterberg • Telefon: 0 12 23 / 12 34 56 78 • E-Mail: s.muster@mail.de

Kaufmännische Kenntnisse

- Kreditsachbearbeitung:
  - Bearbeiten und Prüfen von Kreditanträgen
  - Erstellen von Kreditverträgen und Kreditprotokollen
  - Anfordern und Prüfen von Kreditsicherheiten
  - Sicherheitenverwaltung und Pfandentlassungen
  - Anlage und Verwaltung von Bürgschaftskonten

- Sekretariat:
  - Postein-/-ausgang
  - Unterstützung bei Personalauswahl und -einstellungen
  - Führen der Krankenstatistik
  - Mitarbeit bei Umstrukturierungsmaßnahmen
  - Korrekturlesen der Ausgangspost und des Informationsmaterials
  - Systemmäßige Warenbereitstellung und Endkontrolle
  - Reklamations- und Zukaufwarenbearbeitung

- Zahlungsverkehr/Wertpapierabteilung:
  - Abwicklung des gesamten Auslandszahlungsverkehrs
  - Bearbeitung von Reklamationen im In- und Auslandszahlungsverkehr
  - Abstimmung DM-Nostro-Konto
  - Klärung offener Posten im Nostrokontenbereich DM und FW
  - Überwachung und Erstellung des Mahnprozesses
  - Dokumentation von Steuerprüfungsunterlagen

- Vertriebsabteilung:
  - Warenkalkulation, -bestellung und Kontrolle bei Eingang
  - Rechnungskontrolle und -erstellung
  - Vorbereitung der Belege und Erstellung der Steuererklärung
  - Kassenbuchführung

Auslandserfahrungen und Sprachkenntnisse

- Zwei Auslandssemester in San Mustian, Spanien
- Teilnahme an Produktschulungen von Muster AG, Boston, USA
- Manager-Fortbildung mit internationalen Kollegen, Boston, USA
- Reisebegleitung, Organisatorin und Ansprechpartnerin bei den Incentive Trips nach Marokko, Sardinien und Dubai
- Spanisch, gute Kenntnisse
- Übersetzung (Englisch/Deutsch) von Katalogen sowie Korrekturlesen

PC-Kenntnisse

- MS Office, sehr sichere Handhabung
- SAP R/3

Sonstige Kenntnisse & Fähigkeiten

- Führerschein Klasse 3
- ADA-Schein (IHK)
- Sicherheitsmitarbeiterin nach ISO XYZ

Variante 3: Inklusive Deckblatt und Erfahrungsprofil, Seite 4 von 4

Karin Mustermann
Musterwörthstr. 123, 20000 Musterstadt, Mobil: 01 23 / 4 56 78 90, E-Mail: mustermail@mail.de

Lebenslauf

Persönliche Daten

Name:	**Karin Mustermann**
Geburtsdatum:	**TT. Monat JJJJ**
Geburtsort:	**Musterstadt**
Familienstand:	**Verheiratet**
Nationalität:	**Deutsch**

Berufspraxis

05/2006 - aktuell **Sachbearbeiterin bei Muster-Pflegedienst in Musterheim**
- Abrechnung mit Kunden und Krankenkassen
- Aktualisieren der Kundenakten und Pflegedokumentationen
- Führen der Personalakten
- Kontakt zu Ärzten, Krankenkassen und Kooperationspartnern
- Büroorganisation und Korrespondenz
- Beratung/Betreuung von Kunden (telefonisch und ambulant)

09/2000 - 04/2006 **Assistentin bei Seniorenservice GmbH, Wohnanlage Musterau**
- Eigenverantwortliche Bearbeitung aller administrativer Abläufe
- Beratung und Betreuung der Bewohner in Alltagsfragen
- Abrechnung mit Krankenkassen und Bewohnern

03/2000 - 08/2000 **Verwaltungsangestellte bei Pro Muster Residenz in Musterheim**
- Komplette Bandbreite aller üblichen Büroarbeiten

02/1986 - 02/2000 **Familien- und Fortbildungsphase**

07/1975 - 12/1985 **Praxishelferin bei Kieferorthopäde Dr. Karl Muster in Musterheim**

Schule und Berufsausbildung

10/1998 - 10/1999 **Fortbildung an der Muster-Akademie in Musterberg**
- Abschluss: Verwaltungsassistentin im medizinischen und pflegerischen Bereich

09/1972 - 06/1975 **Berufsausbildung bei Muster OHG in Musterberg**
- Abschluss: Industriekauffrau

09/1967 - 07/1972 **Hauptschule Musterhausen**
- Hauptschulabschluss

Sonstige Kenntnisse und Fähigkeiten

- Englisch-Grundkenntnisse
- MS Office, MS Windows, Internet
- Führerschein, Klasse B

TT. MM. JJJJ *Karin Mustermann*

Variante 4: Ohne Deckblatt, Seite 1 von 1

Lebenslauf

Name:	**Suna Musterfrau**
Geburtsdaten:	**TT. Monat JJJJ**
Geburtsort:	**Musteröy, Türkei**
Familienstand:	**Ledig**
Staatsangehörigkeit:	**Türkisch**

Beruflicher Werdegang

12.2006 - aktuell   **Filialleiterin bei der Muster-Modehaus AG, Mannheim**
- Beratung und Verkauf von Damenoberbekleidung
- Zirka 400 qm Verkaufsfläche für Damen- und Herrenmode
- Personalverantwortung für zirka 25 Mitarbeiter
- Umsatzverantwortung
- Analyse und Optimierung der Umsatzentwicklung anhand des Warenwirtschaftssystems ABC Fashion
- Sortimentsauswahl und Flächenplanung
- Warenbeschaffung bei zirka 30 Lieferanten
- Messebesuche und Lieferantengespräche
- Regelmäßiges Übertreffen von Umsatzvorgaben

12.1995 - 11.2006   **Stellvertretende Filialleiterin Muster GmbH, Musterfurt**
- Beratung und Verkauf von Damenoberbekleidung
- Verantwortung für eine Verkaufsfläche zirka 300 qm
- Personaleinsatzplanung für bis zu 13 Mitarbeitern
- Eigenverantwortliche Kassenabrechnung
- Teilweise selbstständige Preisfindung

08.1978 - 11.1995   **Kauffrau im Einzelhandel bei Muster-Trendhouse, Musterstadt**
- Beratung und Verkauf von Damenoberbekleidung

Schule & Berufsausbildung

09.1975 - 07.1978   **Berufsausbildung bei Muster-Boutique, Mannheim**
- Abschluss: Kauffrau im Einzelhandel

09.1970 - 07.1975   **Muster-Hauptschule im Mannheim**
- Hauptschulabschluss

Sonstige Kenntnisse & Fähigkeiten

- Englisch, Grundkenntnisse
- MS Word und MS Excel
- Hobby: Schneidern von Damenmode

TT. Monat JJJJ   *Suna Musterfrau*

Variante 5: Ohne Deckblatt, Seite 1 von 1

Thomas Muster
Muster-Beispiel-Straße 100, 68000 Musterdingen
Telefon: 0 12 34 - 2 34 56 78, E-Mail: thomas.muster@mail.de

Lebenslauf

Name:	**Thomas Muster**
Geburtsdatum:	**TT. Monat JJJJ**
Geburtsort:	**Geburtsstadt**
Familienstand:	**Verheiratet**
Nationalität:	**Deutsch**

Beruflicher Werdegang

06/2012 - heute **Bewerbungsphase**

01/2000 - 05/2012 **Systemanalytiker bei Muster-Technik AG, Musterstadt**
- Consulting im Bereich Hardware und Software
- Support und Service für Soft- und Hardware von PC-Monitoren
- Details im Erfahrungsprofil

02/1995 - 11/1999 **Netzwerk-Administrator bei Musterland GmbH & Co. KG, Musterberg**
- Einrichtung, Betreuung und Wartung von PC-Netzwerken
- Details im Erfahrungsprofil

08/1988 - 12/1994 **Wissenschaftlicher Mitarbeiter am Muster-Institut, Musterheim**
- Mitarbeit am Projekt „XYZ"
- Details im Erfahrungsprofil

Schule und Berufsbildung

01/1988 - 06/1988 **Weiterbildung an der Muster Akademie, Musterfurt**
- Abschluss: Organisationsprogrammierer (IHK)

10/1987 - 12/1987 **Lehrgang an der Muster Business School, Musterstadt**
- Zertifikat: Grundkenntnisse der Betriebswirtschaftslehre

11/1976 - 09/1987 **Studium an der Universität Carl-Mustermann, Musterdingen**
- Studiengang: Geologie
- Nebenfächer: Physik und numerische Mathematik
- Vordiplom: 1974, kein Abschluss

09/1968 - 07/1976 **Hans-von-Muster-Gymnasium, Musterfeld**
- Abschluss: Abitur

TT. Monat JJJJ   *Thomas Muster*

Variante 6: Ohne Deckblatt, inklusive Erfahrungsprofil, Seite 1 von 3

Thomas Muster
Muster-Beispiel-Straße 100, 68000 Musterdingen
Telefon: 0 12 34 - 2 34 56 78, E-Mail: thomas.muster@mail.de

Erfahrungsprofil

Präsentationen und Kundenschulungen

- Schulung eigener Vertriebsmitarbeiter
- Unterstützung bei Messeaktivitäten sowie Vorführungen auf der CeBIT
- Produktpräsentationen in internen Räumlichkeiten (bis zu 50 Teilnehmern)
- Versuchsaufbauten im Werk auf Kundenanforderung
- Schulung der Anwender vor Ort beim Kunden:
  - Booklets
  - Grafikkarten
  - Fiery Controller
  - SPOOL-Systeme
  - Option zur Jobsteuerung
  - WEB Browser basierende Tools

Consulting und Kundenbetreuung

- Direkter Ansprechpartner für Bestandskunden, auch Key Accounts
- Kundenkontakt vom Erstgespräch über Projektdokumentationen bis zum Vertragsabschluss
- Aufnahme von spezifischen IT-Kundenwünschen vor Ort
- Erarbeitung von IT-Lösungs- und Umsetzungsstrategien
- Begleitung von Geräteinstallationen bis zur betriebsbereiten Übergabe an das Personal des Kunden
- Koordination von Beratungsleistungen zwischen Vertrieb, Technik und Kunden
- Kundenbetreuungsmaßnahmen sowie allgemeiner Kundenservice
- Kunden-Hotline zur Klärung von Störmeldungen
- Reklamationsmanagement

IT-Support

- Support bezüglich Grafiksystemen sowie -karten
- Optische Aufbereitung von Grafikdaten mit Form Muster Language (FML)
- Erstellung von kundenspezifischen Anforderungsprofilen
- Administration von Netzwerken bis zu 500 PCs
- Leitung des Software-Supports zwischen Kunden und Mitarbeiter
- Qualitätssicherung von neuen Versionen durch eigene Testreihen
- Testaufbauten beim Kunden oder im eigenen Werk

Berufliche Fort- und Weiterbildung

- Management Seminare der Firmen ABC GmbH, 123 AG und XYZ
- Muster-Technik AG-eigenes Lösungsgeschäft durch Intermuster-Akademie

Variante 6: Ohne Deckblatt, inklusive Erfahrungsprofil, Seite 2 von 3

Thomas Muster
Muster-Beispiel-Straße 100, 68000 Musterdingen
Telefon: 0 12 34 - 2 34 56 78, E-Mail: thomas.muster@mail.de

IT-Kenntnisse

- Entwicklung von Programmierkonzepten für Großrechner und PCs
- Auswertung wissenschaftlicher Daten durch Listenausgabe und farbige Plots
- Programmierung für Real Time Anwendungen
- Entwicklung von seriellen Interfaces zwischen PCs und Großrechnern
- Modifizierung von Betriebssystemen (Software und Hardware)
- IBM Assembler
- Cobol
- Fortran
- PC Assembler
- BASIC
- DOS/VSE
- MS Office
- MS Windows bis 7

Betriebswirtschaftliche Kenntnisse

- Organisation und Abwicklung des Transports bzw. Versands von Hardware
- Unterstützung der kaufmännischen Abteilung bei Fragen zur Auftragserfassung
- Abwicklung internationaler Zollformalitäten
- Operative und strategische Überlegungen zu spezifischen IT-Lösungen aufgrund von Kundenwünschen

Projektarbeit (XYZ)

- Bereitstellung und Programmierung der benötigten Software zum Test und zur Kalibrierung des Experimentes 123ABC im Labor
- Test und Betrieb des MNO-Systems vor Ort, Übermittlung der Messdaten
- Bearbeitung und Auswertung der wissenschaftlichen Daten des Experimentes
- Projektsprache: Englisch, in geringem Umfang Spanisch
- Rekonstruktion von gestörten Daten nach einem Spannungsabfall
- Selbstorganisation von Reisen zu Testeinrichtungen
- Budgetverantwortung für die Reisen
- Abwicklung von außereuropäischen Zollformalitäten

Sonstige Fähigkeiten und Kompetenzen

- Führerschein Klasse 3
- Fließendes Englisch in Wort und Schrift
- Gute Französisch-Kenntnisse
- Spanisch, einfache Grundkenntnisse
- Erfahrungen und Sachkenntnisse im internationalen Zollrecht

Variante 6: Ohne Deckblatt, inklusive Erfahrungsprofil, Seite 3 von 3

2.2.2. Bewerbungsschreiben

Das Thema dieses Ratgebers sind vakante Positionen, die öffentlich nicht ausgeschrieben sind. Dies bedeutet, Sie bewerben sich, ohne ein ausformuliertes Stellenangebot vorliegen zu haben. Die allgemeine Anforderung, dass das Bewerbungsschreiben individuell auf die ausgeschriebene Arbeitsstelle eingehen muss, kann in unserem Fall nicht optimal umgesetzt werden. An anderer Stelle zeige ich Ihnen zwar auf, wie Sie nähere Informationen über die entdeckten Stellen erhalten, dennoch müssen Sie mehr oder weniger auf ein Anschreiben zurückgreifen, das eher standardisiert ist.

Um der Vollständigkeit willen möchte ich noch erwähnen, dass es viele Entscheidungsträger gibt, die Anschreiben wenig Glauben schenken und diese deshalb nur überfliegen. In manchen Fällen werden Bewerbungsschreiben überhaupt nicht gelesen. Diese Problematik betrifft Sie nicht. Sie haben bereits in Ihrem Lebenslauf alle wichtigen Daten und Fakten untergebracht. Falls auch Ihr Anschreiben unberücksichtigt bleiben sollte, wird dem Leser durch die Unterpunkte in Ihrem Lebenslauf (oder gegebenenfalls durch das Erfahrungsprofil) dennoch die volle Bandbreite Ihrer Fähigkeiten und Kenntnisse geboten.

Das Anschreiben ist jedoch ein offizieller Bestandteil Ihrer Unterlagen. Zudem kennen Sie die individuellen Ansichten des Empfängers nicht. So bleibt uns nichts anderes übrig, als dieses Thema professionell abzuarbeiten, schließlich besteht der Anspruch, auch gegensätzliche Auffassungen abzudecken. Im Folgenden erhalten Sie deshalb eine Art Baukastensystem mit passenden Formulierungen. Damit können Sie Texte bequem entwickeln und zügig auf Ihre Situation abstimmen. Eine Einteilung des Anschreibens in sechs Abschnitte hat sich dabei bewährt:

1. **Briefkopf und Betreffzeile**
2. **Positive Einleitung**
3. **Fachliche Stärken**
4. **Charakterliche Stärken**
5. **Individuelle Besonderheiten**
6. **Schlusssatz**

Im Übrigen zeige ich Ihnen an anderer Stelle dieses Buchs noch neue Bewerbungstechniken auf. Dabei wird unter anderem im Vorfeld Kontakt zum Arbeitgeber aufgenommen. Diese Vorgehensweise setzen die nun folgenden Textmodule bereits voraus. Die Einzelteile des Anschreibens stelle ich nun im Detail vor.

1. Briefkopf und Betreffzeile

Ihr Absender steht oben links zu Beginn Ihres Anschreibens. Die Kontaktdaten (Telefonnummer und E-Mail) sollten mit einbezogen werden. Das Datum (heute ohne Ortsangabe) steht in der ersten Zeile oben rechts. In der neunten Zeile erscheint dann die Adresse des Empfängers.

Achten Sie darauf, dass Sie die vollständige bzw. offizielle Unternehmensbezeichnung verwenden (ist meist im „Impressum" der entsprechenden Internetseite zu finden). Das ist das Mindestmaß an guten Umgangsformen. Sie sollten sich schon dafür interessieren, wie das Unternehmen firmiert bzw. welche Gesellschaftsform tatsächlich gewählt wurde.

Der Ansprechpartner wird im Adressblock an zweiter Stelle nach der Firmenbezeichnung genannt. Das Kürzel „z. Hd." gilt heute als veraltet. In der zwanzigsten Zeile erscheint schließlich der Betreff (ohne die Abkürzung „Betr.:").

Grundsätzlich müssen Sie damit rechnen, dass die Person, die Sie anschreiben möchten, nicht diejenige ist, die als erstes das Anschreiben liest bzw. bearbeitet. Zudem könnte der Empfänger mit einer Vielzahl an Bewerbungen konfrontiert sein. Stellen Sie deshalb einen geringstmöglichen Zeitaufwand für den Leser sicher:

- **Begriffe wie „Bewerbung", „bewerben", „Stelle", „Stellenangebot" oder Ähnliches sollten schon in der Betreffzeile auftauchen.**

- **Nennen Sie immer die Position (oder den Aufgabenbereich), auf die Sie sich bewerben möchten.**

- **Falls vorab ein Kontakt stattgefunden hat, beziehen Sie sich darauf und geben das Datum an.**

Bereits durch die Betreffzeile sollte dem Leser klar sein, und zwar ohne den weiteren Text lesen zu müssen, dass Sie sich und woraut Sie sich bewerben möchten. Ebenso muss klar sein, warum Sie auf die Idee gekommen sind, dem Empfänger etwas zuzusenden (z.B. Telefonat mit Herrn/Frau XY, etc.). Nur so wird schnell erkannt, dass Sie nicht irgend ein x-beliebiger ‚Blindbewerber' sind. Sie sind quasi berechtigt, die Zeit des Lesers einzufordern.

Nach der Betreffzeile folgt, nachdem Sie zwei Leerzeilen eingefügt haben, die übliche Anrede „Sehr geehrte Frau XY" oder „Sehr geehrter Herr XY", die mit einem Komma abgeschlossen wird. Nach einer weiteren Leerzeile beginnt Ihr eigentlicher Text. In Österreich und Deutschland ist der erste Satz die Fortführung der Anrede. Demnach gilt für den Beginn des ersten Satzes die Kleinschreibung (im Gegensatz zur Schweiz: Die Anrede wird dort nicht mit einem Komma abgeschlossen, deshalb geht es danach im Text mit der Großschreibung weiter).

2. Positive Einleitung

Ihr eigentliches Anschreiben beginnt nun. Grundsätzlich sollten darin keine Floskeln enthalten sein. Eine Ausnahme dürfen die ersten Sätze sein. Es entspricht dem guten Umgangston, einen Brief mit einem höflichen, freundlichen Einstiegssatz zu beginnen. Wenn dem Leser auffällt, dass Sie sich über Ihren potenziellen Arbeitgeber informiert haben, ist dies eine weitere positive und angenehme Aufmerksamkeit. Darüber hinaus müssen Sie im ersten Teil Ihres Textes den in der Betreffzeile genannten Anlass konkretisieren.

> ▪ **Zu Beginn sollte ein positiver Bezug zum Ansprechpartner, zum Unternehmen oder zu einer sonstigen Situation hergestellt werden.**

Fällt Ihnen dazu nichts Besonderes ein, sollten Sie sich nicht mit Gewalt irgendetwas aus den Fingern saugen. Ein einfacher, freundlicher Satz ist dann völlig in Ordnung.

Es werden nun beispielhaft einige mögliche Einstiegsformulierungen aufgezählt. Suchen Sie sich ein Textmodul heraus:

... zunächst herzlichen Dank für das informative Gespräch. Sehr gerne sende ich Ihnen meine Bewerbungsunterlagen zu.

... Ihr Angebot, mich bei Ihnen bewerben zu können, hat mich sehr gefreut. Als Anhang erhalten Sie meine Bewerbungsunterlagen als PDF-Datei.

... zunächst vielen Dank für die prompte Antwort auf meine Anfrage. Ihr Unternehmen ist Marktführer im Bereich .... , deshalb bewerbe ich mich sehr gerne um eine Position als ...

... unser Gespräch am TT.MM.JJJJ auf der Messe XYZ war für mich sehr interessant. Vielen Dank, dass Sie mir das Angebot machten, mich bei Ihnen bewerben zu können.

... vorab möchte ich mich für das angenehme Telefonat bedanken. Gerne nehme ich Ihr Angebot wahr, Ihnen meine Bewerbungsunterlagen zuzusenden.

... gerne würde ich in Ihrem Unternehmen tätig sein. Im Übrigen ist mir Ihre Internetseite positiv aufgefallen, weil ....

... mein Telefonat mit Herrn Muster war sehr informativ. Er empfahl mir, Ihnen meine Unterlagen zuzusenden.

... sehr gerne sende ich Ihnen meine vollständigen Bewerbungsunterlagen per Post zu.

... zunächst vielen Dank, dass Sie sich am .... spontan Zeit für mich genommen hatten. Wie vereinbart, sende ich Ihnen meine Kurzbewerbung zu.

Selbstverständlich können Sie einzelne Formulierungen nur teilweise verwenden, ergänzen, kürzen oder kombinieren.

3. Fachliche Stärken

Verzichten Sie ab jetzt auf Floskeln! Der Leser muss womöglich tagtäglich zahlreiche Anschreiben lesen. Einfache und eindeutige Sätze, warum Sie der richtige Kandidat für den Arbeitgeber sind, sind jetzt angebracht. Dafür können Sie die Ergebnisse aus der Analyse Ihres fachlichen Profils hervorragend nutzen. Zählen Sie jedoch nur die wichtigsten fachlichen Stärken, das heißt einige Ihrer Berufserfahrungen auf, schließlich kann in Ihrem Fall alles Weitere wunderbar aus dem folgenden Lebenslauf oder Erfahrungsprofil einfach und zeitsparend entnommen werden. Im Folgenden werden wieder einige Textmodule aufgezählt:

Im Laufe meines langjährigen Berufslebens konnte ich meine Ausbildung zum .... mit umfangreichen Praxiskenntnissen ergänzen. Meine Aufgabengebiete betrafen in der Hauptsache .... und ....

Sowohl .... und .... als auch .... waren regelmäßige Bestandteile meiner Arbeit.

Neben meiner Qualifikation als .... biete ich langjährige Erfahrungen in ...., ... und ....

Aufgrund meiner Funktion als .... sind mir die Tätigkeitsbereiche ...., ... und .... bestens bekannt.

Zu meinen weiteren fachlichen Stärken zählen ...., ... und ....

Zudem biete ich die Zusatzqualifikation ....

Bei meiner letzten Anstellung bei einem Marktführer für .... war ich mit der Bearbeitung der Sachgebiete .... und .... betraut.

Ebenso kann ich umfangreiche praktische Erfahrungen in den Bereichen .... , ... und .... vorweisen.

Neben .... umfasste meine Zuständigkeit auch .... und ....

Mein Aufgabengebiet umfasste die Tätigkeiten ...., ... und ....

Zudem war ich verantwortlich für .... und ....

Der tägliche Umgang mit .... und .... gehört für mich zur Selbstverständlichkeit.

Durch mein Engagement im Bereich .... habe ich bewiesen, dass ich in der Lage bin, ...

Im Übrigen war ich auch mit .... und .... beauftragt, deshalb biete ich ausreichende Erfahrungen in.......... sowie ....

Durch meine Verantwortungsbereiche .... und .... eignete ich mir viel Know-how in .... an.

Suchen Sie sich einige Module heraus, die zu Ihrem natürlichen Sprachgebrauch sowie zu Ihrer Situation passen. Ich empfehle Ihnen, nicht mehr als zwei bis drei Sätze zu verwenden. Damit haben Sie noch genügend Raum für Ihre Softskills, die im Anschluss noch genannt werden müssen. Schließlich sollte Ihr Anschreiben eine A4-Seite nicht überschreiten.

4. Charakterliche Stärken

An dieser Stelle hat der Betrachter Ihres Anschreibens bereits viele fachliche Stärken genannt bekommen. Damit nicht genug – sofort geht es weiter: Jetzt sind Ihre charakterlichen Vorzüge dran:

Durch meine bisherigen Tätigkeiten ………, ………. und ………. habe ich vor allem meine ……… und ………. unter Beweis stellen können.

Als meine besonderen Stärken betrachte ich meine ………. und ………. . Darüber hinaus zeichne ich mich durch ………. und ………. aus.

Die Fähigkeiten ………,………. und ………. zähle ich zu meinen besonderen Stärken.

Zu meinen persönlichen Eigenschaften gehören ………., ………. und ………. .

Bisher wurde mir bescheinigt, dass ich über die Eigenschaften ………., ………. und ………. verfüge.

Während meiner Tätigkeit als ………. konnte ich meine ………. und ………. unter Beweis stellen

Als ………. habe ich gelernt ………. und ………. zu handeln.

Meine ………. und ………. Art ermöglicht es mir, meine Aufgaben ………. zu bewältigen.

Zudem zeichne ich mich durch …….. und ………. gepaart mit ………. aus.

Es ist positiv aufgefallen, dass ich ………. .

Eine hohe ………. sowie eine ausgeprägte ………. runden mein Profil ab.

Meine persönlichen Stärken ………. und ………. werden sicher hilfreich sein, mich rasch einarbeiten zu können.

Des Weiteren gilt meine Arbeitsweise als ………. und ……….

Meine wesentlichen Persönlichkeitsmerkmale ………. und ………. konnte ich während meiner Arbeit als ………. praxisorientiert anwenden.

………. sehe ich als ebenso selbstverständlich an wie ……….

Suchen Sie sich wieder zwei bis drei Varianten heraus und setzen Sie diejenigen Persönlichkeitsmerkmale in die Textlücken ein, die Sie im Rahmen der Analyse Ihrer charakterlichen Stärken gefunden haben.

Rechnen Sie im Übrigen damit, in einem Vorstellungsgespräch auf die genannten Merkmale angesprochen zu werden. Sie sollten Ihre Stärken also schon bei der Formulierung gedanklich begründen können

5. Individuelle Besonderheiten

Um die positive Wirkung der vorangegangenen zwei Abschnitte zu erhalten, müssen Sie nun schnellstmöglich zum Ende kommen. Es können jedoch Besonderheiten vorliegen, auf die es noch hinzuweisen gilt. An dieser Stelle Ihres Anschreibens können Sie diese kurz ansprechen:

Mein Zeugnis wird gerade durch meinen letzten Arbeitgeber erstellt. Sobald es vorliegt, werde ich es Ihnen umgehend nachreichen.

Zu Ihrer Information bin ich erst wieder ab dem .... erreichbar, da ....

Seit geraumer Zeit trage ich mich mit dem Gedanken, meinen Wohnort zu wechseln. Ihre Region würde ich dabei bevorzugen.

Im Übrigen fühle ich mich hier seit meiner Einreise im Jahr .... sehr wohl. Ich habe mich sehr gut integrieren können und verfüge deshalb über fließende Deutschkenntnisse in Wort und Schrift.

Meine Bewerbungsunterlagen enthalten im Übrigen nur die wichtigsten Arbeitszeugnisse, da die Datei sonst zu groß geworden wäre. Falls Sie jedoch die fehlenden Belege einsehen möchten, werde ich diese selbstverständlich umgehend nachreichen.

Im Übrigen habe ich meinem tabellarischen Lebenslauf ein Erfahrungsprofil hinzugefügt, das Ihnen übersichtlich alle weiteren Berufserfahrungen aufzeigt.

6. Schlusssatz

Ihr Anschreiben ist nun fast fertig. Fehlt nur noch der kurze Schlusssatz.

Ich wäre kurzfristig einsatzbereit und würde mich über die Einladung zu einem Vorstellungsgespräch sehr freuen.

Über ein persönliches Gespräch, bei dem Sie sich ein genaueres Bild von meiner Person und meinen Qualifikationen verschaffen können, würde ich mich sehr freuen.

Ihrem Unternehmen kann ich ab dem TT.MM.JJJJ zur Verfügung stehen. Gerne würde ich Sie in einem persönlichen Gespräch von meiner Motivation überzeugen.

Ich bin kurzfristig verfügbar und freue mich über ein persönliches Gespräch.

Mein Einstiegsgehalt sollte zwischen € 00.000 und € 00.000 p. a. liegen. Über ein mögliches Vorstellungsgespräch freue ich mich sehr.

Ab MM/JJJJ könnte ich zur Verfügung stehen. Meine Gehaltsvorstellungen liegen bei zirka € 00.000 p. a. Über die Einladung zu einem Vorstellungsgespräch freue ich mich sehr.

Zerbrechen Sie sich bitte nicht den Kopf, ob beispielsweise die Verwendung des Konjunktivs richtig oder falsch ist. Ich kann Ihnen guten Gewissens versichern, dass es bei Arbeitgebern niemanden geben wird, der sich mit solchen Bagatellen beschäftigt. Das gilt ebenso, falls Sie sich die Frage stellen sollten, ob es erlaubt ist, einen Satz mit „Ich" zu beginnen.

Musterbeispiele

Um die bisherigen Empfehlungen für mögliche Formulierungen zu verdeutlichen, finden Sie nachfolgend wieder einige wenige Beispiele für Bewerbungsschreiben.

Da andere diesen Ratgeber möglicherweise auch lesen, sollten Sie nicht einfach die vorgestellten Anschreiben übernehmen. Bringen Sie zusätzlich Ihren Stil mit ein. Ergänzen Sie die Textvarianten mit eigenen Ideen.

Im Übrigen werden meist die Schriften „Arial", „Tahoma" oder „Verdana" mit den Schriftgrößen 11 pt oder 12 pt verwendet.

Sie werden in den Beispielen feststellen, dass eine kleine zusätzliche Absenderzeile über der Empfängeradresse eingefügt ist. Falls Sie sich für diese Variante entscheiden, können Sie Fensterkuverts verwenden. Wenn noch die gute, alte Bewerbungsmappe per Post gewünscht wird, müssen Sie so das Kuvert nicht per Hand beschriften.

Hans Mustermann
Mustermannstraße 100
12345 Musterheim
Telefon: 01 23 4 - 56 78 910
E-Mail: hans.mustermann@email.de

JJ. Monat JJJJ

Hans Mustermann, Mustermannstraße 100, 12345 Musterheim

Musterunternehmen GmbH & Co. KG
Frau Lara Musterfrau, Geschäftsführerin
Am Mustersteig 12
54321 Musterstadt

Ihre Nachricht per E-Mail vom TT.MM.JJJJ, Bewerbung als „Technischer Leiter"

Sehr geehrte Frau Musterfrau,

herzlichen Dank für die prompte Antwort per E-Mail. Gerne nehme ich Ihr Angebot wahr und sende Ihnen meine Bewerbungsunterlagen als PDF zu.

Als Konstruktionsleiter verfüge ich über umfangreiche Fachkenntnisse in den Bereichen Konstruktion, Fertigung und Projektmanagement. Der Schwerpunkt bestand in der Erstellung von Sonderkonstruktionen für Bewegungssysteme auf Messen und Ausstellungen. Weitere Anwendungsbereiche betrafen Produktionslinien, den Anlagenbau, die Bühnentechnik und den Eventbereich. Meine Teamverantwortung betraf acht Mitarbeiter.

Während meiner langjährigen Tätigkeit konnte eine europaweite Marktführerschaft erreicht werden. Neben der Konstruktion der Anlagen umfasste mein Verantwortungsbereich auch Kunden- und Lieferantengespräche, die Angebotserstellung sowie die Kalkulation und Koordination von Projekten. Zu meinen weiteren Qualifikationen zählen der konsequente Umgang mit leistungsfähigen 3D-CAD-Programmen, sehr gute Englischkenntnisse sowie das professionelle Arbeiten mit MS Office.

Zu meinen Hauptstärken zählen unkonventionelles Denken und die Freude an der Entwicklung. Zudem zeichne ich mich durch Entscheidungsfreude und Durchsetzungsvermögen gepaart mit unternehmerischem Denken aus.

Über ein persönliches Gespräch würde ich mich sehr freuen.

Mit herzlichen Grüßen

Hans Mustermann
Hans Mustermann

Anlage

Variante 1: Vorheriger Kontakt per E-Mail

69

Sabine Muster   TT. Monat. JJJJ
Musterstraße 100
12345 Musterstadt
Telefon: 01 23 / 45 67 89 10
E-Mail: sabine.muster@email.de

Sabine Muster, Musterstraße 100, 12345 Musterstadt

Muster gGmbH, Seniorenheim Musterdorf
Herr Dr. Max Mustermann
Musterstraße
70123 Musterdorf

Unser Gespräch am TT.MM.JJJJ auf der Mustermesse
Bewerbung als Leiterin einer Altenpflegeeinrichtung

Sehr geehrter Herr Dr. Mustermann,

zunächst herzlichen Dank für das angenehme und informative Gespräch auf der Muster-Messe in Musterstadt. Sehr gerne sende ich Ihnen meine Unterlagen zu.

Als diplomierte Sozialpädagogin biete ich langjährige und umfangreiche Berufserfahrungen in verantwortlichen Positionen der Seniorenarbeit. Aufgrund meiner Funktion als Heimleiterin sind mir die Aufgabenbereiche Budgetplanung/-verantwortung, Personalführung, Pflegebereichsplanung/-koordination sowie die Weiterentwicklung von Pflegekonzepten bestens bekannt.

Sowohl die Sicherung der Kapazitätsauslastung für 130 stationäre Pflegeplätze inklusive Kurzzeitpflege und 65 betreuten Seniorenwohnungen, als auch die Repräsentation der Einrichtung nach innen und außen, waren regelmäßiger Bestandteil meiner Arbeit. Zudem verfüge ich über die zertifizierte Zusatzqualifikation als QM-Beauftragte. Der tägliche Umgang mit dem PC und MS Office gehören für mich zur Selbstverständlichkeit.

Meine bisherigen Arbeitgeber schätzten an mir besonders meine Integrität, meinen Sinn für das Machbare sowie meine Führungskompetenz. Des Weiteren zeichne ich mich durch Einfühlungsvermögen, unternehmerisches Denken und Patientenorientierung aus.

Über Ihre Einladung zu einem persönlichen Gespräch freue ich mich sehr.

Mit freundlichen Grüßen

Sabine Muster
Sabine Muster

Bewerbungsunterlagen

Variante 2: Vorheriger persönlicher Kontakt

Anette Mustermann
Mustermannstraße 100
12345 Musterheim
Telefon: 01 23 4 - 56 78 910
E-Mail: hans.mustermann@email.de

TT. Monat JJJJ

Anette Mustermann, Mustermannstraße 100, 12345 Musterheim

IT-Musterunternehmen GmbH
Frau Lara Musterfrau
Am Mustersteig 12
54321 Musterstadt

Unser Telefonat vom TT. MM. JJJJ
Bewerbung für die Bereiche Auftragsabwicklung oder Vertriebsinnendienst

Sehr geehrte Frau Musterfrau,

zunächst vielen Dank für das freundliche Telefonat. Wie besprochen, sende ich Ihnen meine vollständigen Bewerbungsunterlagen zu.

Ich biete für die zu besetzende Position spezifische und langjährige Berufserfahrungen. Dazu zählen in der Hauptsache die Themengebiete Customer-Service, Vertragsverhandlungen, Angebotserstellung sowie die komplette Bandbreite aller üblichen Aufgaben in der Auftragsabwicklung. Meine Affinität zur Vertriebsunterstützung und Kompetenz in Sachen Assistenz runden mein Profil ab.

Durch meine bisherigen Tätigkeiten habe ich vor allem meine effektive Arbeitsweise und Kundenorientierung unter Beweis stellen können. Persönlich zeichne ich mich durch ein hohes Maß an Flexibilität aus. Ich bin entscheidungsstark, behalte den Überblick und kann sehr gut Prioritäten setzen. Toleranz, Teamgeist und Aufgeschlossenheit zählen zu meinen weiteren Stärken.

Im Übrigen habe ich meinem tabellarischen Lebenslauf ein Erfahrungsprofil hinzugefügt, das Ihnen übersichtlich alle weiteren Berufserfahrungen aufzeigt.

Ich freue mich, Ihnen in einem persönlichen Gespräch, einen noch umfassenderen Eindruck von mir vermitteln zu können.

Mit freundlichen Grüßen

Anette Mustermann
Anette Mustermann

Bewerbungsunterlagen

Variante 3: Vorheriger Kontakt per Telefon

71

2.3. Digitale Selbstdarstellung

Jetzt müssen Sie Grundlagen schaffen, damit Ihr Anschreiben, Ihr Lebenslauf sowie Ihre Zeugnisse nicht nur per Post, sondern insbesondere auch per E-Mail übermittelbar sind. Falls Sie zu den Lesern gehören, die noch gerne Bewerbungsfotos kleben oder Zeugnisse umständlich kopieren, sollten Sie sich von dieser konservativen Arbeitsweise langsam verabschieden.

Ihre Unterlagen müssen heute digital vorliegen, damit Sie diese auch online versenden können. Dabei ist jedoch einiges im Vorfeld zu beachten. Es wäre schade, wenn sich Ihr Selbstbewusstsein auf einem hohen Niveau befindet, Sie über Insiderinformationen sowie tolle Bewerbungsdokumente verfügen und Sie nur deshalb scheitern, weil Ihre Unterlagen online in einer schlechten Qualität oder im Extremfall gar nicht ankommen.

Mir ist bewusst, dass sich manche Ihrer Generation nicht zutrauen, ihre Bewerbungen digital aufzubereiten. Falls das bei Ihnen auch so sein sollte, ist das noch lange kein Beinbruch. Machen Sie sich einfach schlau, wer Ihre Unterlagen zu einer Onlineversion überarbeiten kann. Es sind sicher einige Bewerbungsfachleute in Ihrer Region tätig. Für alle anderen Leser werde ich nun einiges vorstellen, das sich in der Online-Welt bewährt hat.

2.3.1. Bewerbungsdateien

Sie werden Ihre Unterlagen entweder online oder per Post versenden. Von Anfang an müssen Sie diese beiden Varianten berücksichtigen. Ich empfehle Ihnen, am PC nur solche Dokumente zu erstellen, die sowohl online als auch für eine klassische Mappe zugleich nutzbar sind.

Sie werden es später mit sehr vielen Arbeitgebern zu tun bekommen. Um alle ‚abarbeiten' zu können, sind zeitsparende Techniken erforderlich. Nur so stellen Sie sicher, hauptsächlich mit der Jobsuche beschäftigt zu sein, anstatt mit dem zeitraubenden Zusammenstellen von Unterlagen.

> ■ **Der tabellarische Lebenslauf sowie alle Belege und Zeugnisse sollten in einer einzigen Datei enthalten sein.**

Wenn Sie diese Anforderung erfüllen, ersparen Sie sich doppelte Arbeit:

Wird von einem Unternehmen, einer Behörde oder einer sonstigen Einrichtung eine Bewerbung noch per Post erwünscht, müssen Sie nur eine einzige Datei ausdrucken und können das Ganze ohne größeres Nachdenken in eine Mappe einheften. Wenn stattdessen eine Onlinebewerbung per E-Mail notwendig ist, hängen Sie die gleiche Datei einfach der E-Mail an. Um diese effektive Vorgehensweise zu ermöglichen, sind jedoch Voraussetzungen zu erfüllen:

▪ **Bewerbungsfoto und Zeugnisse müssen in digitaler Form vorliegen.**

Ich rate Ihnen, Zeugnisse, Zertifikate und sonstige Belege im JPEG- oder BMP-Format zu scannen (Auflösung: 200-300 dpi). Eventuell in s/w, falls Sie auf die Datenmenge achten müssen. Die so entstehenden Grafikdateien können Sie dann bequem in dasselbe Word-Dokument einfügen, in der schon Ihr tabellarischer Lebenslauf enthalten ist (MS Word: Einfügen/Grafik/Grafik aus Datei einfügen). Auf diese Weise erscheinen innerhalb Ihres Worddokuments im Anschluss des Lebenslaufs Ihre gescannten Dokumente als Grafiken (in gleicher Reihenfolge wie Ihre Angaben im tabellarischen Lebenslauf, auf die sich Ihre Zeugnisse beziehen). Das Bewerbungsbild fügen Sie auf die gleiche Weise in Ihr Worddokument ein. Dieses muss ist in der Regel nicht eingescannt werden, da die Fotografen Ihnen das Foto schon als JPEG-Datei aushändigen können.

Fehlt noch das Anschreiben: In der Regel müssen Sie dieses nur auf den jeweiligen Bewerbungsfall anpassen. Der Lebenslauf bleibt unverändert. Daher rate ich Ihnen, für das Anschreiben eine separate Datei anzulegen. So müssen Sie nicht immer wieder in Ihren fertig formatierten Lebenslauf inklusive Ihren Arbeitszeugnissen eingreifen.

▪ **Ihre Bewerbungsunterlagen bestehen lediglich aus zwei Dateien.**

Als gerade noch akzeptable Alternative können Sie Ihre Zeugnisse vom Lebenslauf trennen. Damit würden in Summe drei Dateien entstehen.

2.3.2. Dateigröße und -format

Ihren tabellarischen Lebenslauf sowie Ihr Anschreiben können Sie mit einem herkömmlichen, das heißt mit Ihrem vorhandenen Standardprogramm für Textverarbeitung, erstellen. Welche Software Sie dafür nutzen, ist zweitrangig. Alle entsprechenden Programme haben eines gemeinsam: Es entstehen „offene Arbeitsdateien". Wie dieser Name bereits deutlich macht, sind diese offen für die Eingabe bzw. Bearbeitung, nicht nur durch Sie, sondern für jedermann der darauf Zugriff hat. Daher sind solche Dateiformate für die Übermittlung an fremde Personen ungeeignet. Zudem sind diese Dateien meist zu groß (zumindest in unserem Fall), um sie später per E-Mail versenden zu können. Daher ist die Verwendung eines „geschlossenen Dateiformats" notwendig. Zugleich soll es die Reduzierung der Datengröße gewährleisten.

Dafür eignet sich das sogenannte PDF-Format hervorragend. Dieser Datei-Typ gilt heute als Standard für die digitale Übermittlung von Dokumenten:

> ■ **Bevor Sie Ihre Bewerbungsunterlagen online versenden, müssen Sie diese in ein PDF-Format umwandeln.**

Zusätzlich sollten Sie berücksichtigen, dass das, was Sie auf Ihrem Bildschirm zu Hause sehen, letztendlich von der Software (bzw. Version) abhängt, die aktuell auf Ihrem PC installiert ist. Gut formatierte Dokumente, die auf Ihrem Monitor perfekt aussehen, könnten auf dem PC des Empfängers jedoch ganz anders dargestellt werden. Dies ist nämlich von der im angeschriebenen Unternehmen verwendeten Software abhängig. Haben Sie also Ihren Text oder Ihre Grafiken repräsentativ formatiert und versenden das Ergebnis per E-Mail, kann es durchaus passieren, dass Ihr schönes Layout beim Empfänger völlig verrutscht. Diese Problematik wird durch das PDF-Format ebenfalls bestens gelöst. Es gewährleistet die identische Darstellung Ihrer Dokumente auch auf anderen PCs. Diese Tatsache ist von größter Bedeutung für Sie. Es wäre bedauerlich, wenn Sie Ihre Bewerbungsunterlagen elegant und professionell gestaltet hätten und am Computer des Arbeitgebers sieht das Ganze katastrophal aus.

Darüber hinaus bieten PDF-Dateien zwei weitere Vorteile: Erstens sind Ihre Dateien auf der Arbeitgeberseite nicht mehr so leicht veränderbar. Es ist also nicht mehr möglich, dass Ihre Bewerbungsunterlagen nur deshalb zerstört werden, weil der Personalreferent am PC Frühstückspause macht und versehentlich sein Butterbrot auf die Tastatur fallen lässt. Zum Zweiten können Ihre übermittelten Bewerbungsdateien auf jeden Fall von der Gegenseite geöffnet und somit eingesehen werden, unerheblich davon, welche PC-Programme Sie oder der Empfänger nutzen. Dies ist ein wichtiges Kriterium für Online-Bewerbungen. Schließlich können bei Unternehmen erhaltene Bewerbungsdateien oft nicht geöffnet werden, nur weil der Datei-Typ nicht stimmt. Trifft man dort dann auf überlastete Beschäftigte, ist es durchaus möglich, dass allein aus diesem Grund Ihre Bewerbung nicht weiterverfolgt wird. Sie glauben, sich beworben zu haben und wundern sich, warum Sie vom Arbeitgeber nie mehr etwas hören.

Summa summarum benötigen Sie eine Software, die Ihre Dateien entsprechend umwandelt:

- **Ein PDF-Umwandler muss auf Ihrem PC installiert sein.**

Das heißt, Sie erstellen auf Ihrem PC mit einem x-beliebigen Textverarbeitungsprogramm Ihre Bewerbungsunterlagen und wandeln diese anschließend in ein allgemeingültiges PDF-Format um.

Es ist also ein PDF-Maker notwendig (nicht zu verwechseln mit einem PDF-Reader, wie z.B. dem „Adobe Acrobat Reader"). So ein PDF-Umwandler könnte die einzige Software sein, die auf Ihrem PC nicht automatisch vorinstalliert ist. Falls dies bei Ihnen der Fall sein sollte, können Sie ohne Weiteres eine kostenlose PDF-Software (Freeware) aus dem Internet herunterladen (downloaden). Auch wenn Sie über keine umfangreichen PC-Kenntnisse verfügen, stellt dies kein Problem dar. Eine solche Software-Installation ist auch für Laien einfach durchzuführen.

So nutzen viele Jobsuchende für die Umwandlung Ihrer Dokumente beispielsweise die Gratissoftware „FreePDF" oder „PDFCreator". Falls Sie diese Programme verwenden möchten, geben Sie einfach den Begriff FREEPDF oder PDFCREATOR in eine von Ihnen bevorzugte Suchmaschine ein (Bing, Google, Yahoo, etc.). Dann werden Ihnen zahlreiche Internetseiten angezeigt, auf denen Sie das Programm kostenfrei downloaden können. Wählen Sie eine Internetpräsenz Ihres Vertrauens aus (beispielsweise die Seite einer bekannten Fachzeitschrift) und installieren Sie die Software gemäß den dort folgenden Anweisungen. Sie starten das Ganze auf der ausgewählten Homepage mit einem Mausklick auf den Button DOWNLOAD.

Zu Ihrer Information sind speziell beim FreePDF-Programm nur drei Auflösungen (High Quality, Medium Quality, Ebooks) wählbar. Mit dem Begriff „Auflösung" ist die grafische Qualität der entstehenden PDF-Dateien gemeint. Diese beeinflusst zusätzlich die entstehende Datenmenge. Je höher die Auflösung, umso größer wird Ihre Datei.

- **Dateien, die Bewerbungsunterlagen enthalten, sollten in der Summe nicht größer als drei Megabyte sein.**

Mit der mittleren FreePDF-Einstellung „Medium Quality" wird die Datenmenge Ihrer Bewerbungsunterlagen deutlich reduziert. So erreichen Sie, dass Ihre Dateien nicht zu groß werden. Zugleich ist das grafische Ergebnis auf einem ausreichend hohen Niveau.

Ist schließlich alles erledigt, haben Sie neben der verbalen und schriftlichen eine weitere Form der Selbstdarstellung verbessert: Sie können sich nun auch digital bzw. online zeitgemäß präsentieren.

2.4. Fazit

Erfahrungsgemäß werden Sie nach der Bearbeitung dieses zweiten Kapitels ein höheres Selbstbewusstsein bemerken. Jetzt können Sie besser bewerten, was Sie tatsächlich zu bieten haben. Ich gehe davon aus, dass dies deutlich mehr ist, als Sie im Vorfeld vermuteten. Sie schaffen so Voraussetzungen für eine positive Selbstdarstellung:

- **Es ist heute sehr wichtig, dass Sie sich klar, vollständig und positiv beschreiben können.**

Im Übrigen ist falsche Bescheidenheit, verstanden als eine Form guter Manieren, speziell für die Jobsuche völlig kontraproduktiv. Erinnern Sie sich bitte: Sie stehen im Wettbewerb mit anderen Bewerberinnen und Bewerbern. Ihre Ansprechpartner bei Unternehmen sind heute mehr denn je darauf angewiesen, dass Bewerber in der Lage sind, aussagekräftig und treffend über sich kommunizieren zu können. Personaler oder Entscheidungsträger haben heute nicht mehr die Zeit, im Gespräch ausführlich zu bohren oder sich im Vorfeld den Kopf zu zerbrechen, um dann doch irgendwann zu entdecken, dass mehr in Ihnen steckt als Sie angegeben haben.

Im Übrigen werden Sie nach diesem Kapitel Ihre wichtigsten Stärken auch im Kopf haben und so jederzeit abrufen können. Dies ist eine logische Konsequenz aus der Fleißarbeit, die ich Ihnen mit der Profilanalyse zugemutet habe. Haben Sie erst einmal eine Stoffsammlung erstellt, diese dann auf Relevanz überprüft, anschließend unwichtige Punkte gestrichen und zum Schluss in Form von Bewerbungsunterlagen repräsentativ aufbereitet, können Sie sich darauf verlassen, dass Sie Ihre fachlichen und charakterlichen Fähigkeiten nicht mehr so schnell vergessen werden. Folglich können Sie spontan antworten, falls Sie auf Ihre Stärken angesprochen werden. Spätestens in einem Vorstellungsgespräch wird Ihre derartig verbesserte Selbstdarstellung äußerst vorteilhaft sein.

- **Die Selbstanalyse Ihrer Stärken garantiert eine optimale <u>verbale</u> Selbstdarstellung.**
- **Die Übertragung der Analyseergebnisse in die Bewerbungsunterlagen garantiert eine optimale <u>schriftliche</u> Selbstdarstellung.**
- **Professionelle Online-Unterlagen garantieren eine optimale <u>digitale</u> Selbstdarstellung.**

Abschließend möchte ich noch darauf hinweisen, dass Ihre ursprüngliche berufliche Zielfindung nun durch zwei Faktoren beeinflusst wird: Was Sie sich beruflich wünschen und was Sie im Gegenzug in Form von Stärken tatsächlich zu bieten haben. Je größer die Schnittmenge dabei ist, umso einfacher werden Sie Ihre beruflichen Vorstellungen umsetzen können. Umso einfacher ist das, was Sie wollen, machbar.

- **Je mehr Fachliches oder Charakterliches Sie für Ihren Tätigkeitswunsch zu bieten haben, desto schneller werden Sie Ihr berufliches Glück finden.**

Bevor Sie jedoch endlich starten können, muss ich Sie noch um ein wenig Geduld bitten: Es sind noch kleinere, letzte Vorbereitungen zu treffen.

3 Sich konzentriert an die Arbeit machen

Wer weiß, vielleicht beginnt für Sie schon bald ein völlig neuer Lebensabschnitt. Möglicherweise ist Ihr Traumjob in greifbarer Nähe. Vielleicht geht es jetzt sogar um die berufliche und private Qualität Ihrer gesamten Laufbahn bis hin zu Ihrem wohlverdienten Ruhestand. Ihre Einsatzbereitschaft und Konzentration sollte der Tragweite Ihres Vorhabens entsprechend sein. Gehen Sie das Ganze bitte nicht halbherzig an:

■ **Machen Sie auf breiter Front mobil und nehmen Sie sich vor, hochkonzentriert ans Werk zu gehen.**

Zunächst haben Sie jedoch Rahmenbedingungen zu schaffen. Es sind Startvorbereitungen zu treffen.

3.1. Ausstattung prüfen

Sie benötigen PC, Telefon und einen Internetzugang. Prüfen Sie, ob Ihre technische Ausstattung funktionstüchtig ist. Ein handelsüblicher PC ist völlig ausreichend. Zudem sind keine höheren Anforderungen an die Qualität bzw. Geschwindigkeit Ihres Internetzugangs zu beachten. Diese Kriterien sind von Ihrem persönlichen Geschmack und Ihrer Anspruchshaltung abhängig. Ebenso sind keine außergewöhnlichen PC-Kenntnisse erforderlich. Selbstverständlich wäre auch das Vorhandensein eines E-Mail-Kontos (je nach gewünschter Branche) ideal.

■ **Falls Sie im Senden von E-Mails ungeübt sind oder sogar überhaupt keine eigene E-Mail-Adresse besitzen, ist es jetzt an der Zeit, sich mit diesem Thema zu beschäftigen.**

Eröffnen Sie im Internet ein elektronisches Postfach und legen Sie sich eine E-Mail-Adresse zu. Das Einrichten von solchen Konten, das Senden und Empfangen von E-Mails sowie das Anhängen von Dateien ist heute sehr anwenderfreundlich und ist auch für Laien (mit einem bisschen Engagement) leicht zu bewältigen.

Viele Jobsuchende nutzen E-Mail-Anbieter, die kostenfrei sind. Obwohl dabei akzeptiert werden muss, dass den E-Mail-Nachrichten einige wenige Werbezeilen angehängt werden, so ist das doch mehr als ein faires Geschäft. „Freemail"-Konten sind für die Zwecke unseres Vorhabens völlig ausreichend. Obwohl einige Bewerbungsfachleute davon abraten, kostenfreie E-Mails (inklusive Werbung) zu verwenden, sind mir bis heute keine Beispiele bekannt geworden, in denen damit negative Erfahrungen gemacht wurden.

Einige Anbieter für kostenfreie E-Mails sind z.B. (in alphabetischer Reihenfolge):

- **Aol, Freenet, Gmx, Googlemail, Hotmail, Live, Web, Yahoo etc.**

Auch wenn Sie ein geübter Nutzer sind, rate ich Ihnen, eine ‚unbelastete' E-Mail-Adresse einzurichten. E-Mail-Adressen können durch Arbeitgeber leicht im Internet recherchiert werden. Man gibt sie einfach in eine Suchmaschine ein und schaut sich die Trefferergebnisse an. Eine nagelneue Adresse wäre dann online nicht negativ belastet. Folgende Adressstrukturen bieten sich an:

- **nachname@ .... .de**
- **vornamenachname@ ...... .de**
- **vorname.nachname@ ...... .de** oder **nachname.vorname@ .... .de**
- **vorname-nachname@ ...... .de** oder **nachname-vorname@ .... .de**
- **vorname_nachname@ ...... .de** oder **nachname_vorname@ .... .de**

Falls die gewünschte Adresse bei Ihrem Anbieter bereits vergeben ist, müssen Sie variieren. Mit dem Anhängen einer individuellen Zahlenkolonne an Ihren Namen (musterfrau1962@ .... .de), können Sie diese Problematik beispielsweise leicht lösen. Ideal ist es, wenn Ihre E-Mail-Adresse zumindest Ihren Nachnamen enthält. So können Sie beim Empfänger schneller zugeordnet, gespeichert und wiedergefunden werden.

3.2. Zeitraum festsetzen

Falls es in Ihrer aktuellen Lebenssituation möglich ist, fassen Sie Ihre Jobsuche als eine Art Berufstätigkeit auf. Idealerweise strukturieren Sie Ihren
Tagesablauf und beginnen zu einer festen Uhrzeit mit der Suche nach Ihrem neuen beruflichen Glück. Ebenso beenden Sie das Ganze zu einem
bestimmten Zeitpunkt. Folgender Tagesplan bietet sich an:

09.00 - 10.00 Uhr: E-Mails beantworten und Telefonate führen

10.00 - 11.00 Uhr: Bewerbungen auf entdeckte Stellen

11.00 - 12.30 Uhr: Unternehmensrecherche und Kontakte per E-Mail

12.30 - 13.00 Uhr: Dokumentation und Datenbankaufbau

Die auszuführenden Tätigkeiten innerhalb des vorgestellten Tagesplans
werden Ihnen erst im Laufe dieses Buchs besser einleuchten. Es geht zunächst um die notwenige Zeit, die von Ihnen zu investieren ist. Im Idealfall
täglich. Aber keine Sorge: Dieses Engagement müssen Sie nur wenige Wochen beibehalten. Allein dieser kurze Zeitraum wird ausreichend sein, um
die entscheidenden Weichen für Ihre zweite Lebenshälfte zu stellen.

Ist für Sie der vorgestellte Zeitplan nicht möglich (Berufstätigkeit, familiäre Pflichten, Fortbildungen, etc.), können Sie das Ganze auch entsprechend auf nachmittags und/oder abends verteilen. Falls auch da keine
zusammenhängenden Zeiträume zur Verfügung stehen, verteilen Sie die
Aktivitäten auf den gesamten Tag. Dabei können Sie sich auf eine konkrete Struktur festlegen, die Sie allerdings konsequent einhalten sollten:

- **Ihren Zeitplan sollten Sie täglich für mindestens vier Wochen
  einhalten.**

Suchen Sie sich einen passenden Vierwochen-Zeitraum heraus und informieren Sie Ihr Umfeld, dass Sie zu den jeweiligen Tageszeiten beschäftigt
sein werden.

- **Setzen Sie sich ein festes Datum als Starttermin.**

Bereiten Sie Ihren Schreibtisch oder einen entsprechenden Arbeitsplatz
vor. Sie müssen dort in Ruhe arbeiten können.

Wenn Sie Ihre Suche nach dem beruflichen Glück mit einer Berufstätigkeit gleichsetzen, bringt dies für Sie folgende Vorteile:

- **Die konkrete Planung von Zeitraum und Tagesstruktur kommt einer Entscheidung zum Aufbruch gleich. Motivation entsteht. Eine positivere Ausstrahlung ist die Folge.**

- **Ein hoher Aktivitätsgrad fördert Ihr Gefühl der Selbstbestimmtheit und steigert Ihr Selbstvertrauen.**

- **Schnell erreichen Sie ein hohes Niveau an Routine. Erheblich bessere Ergebnisse sind die Folge.**

- **Wenn Jobangebote im gleichen Zeitfenster liegen, können diese besser gegeneinander abgewogen werden. So müssen Sie Entscheidungen nicht hinaus zögern, nur weil ausstehende Vorstellungsgespräche oder Jobzusagen noch zu weit in der Zukunft liegen.**

Fassen Sie Ihre Jobsuche als eine vierwöchige Berufstätigkeit auf. Damit wurden bisher die besten Ergebnisse erzielt.

3.3. Fazit

Ich empfehle Ihnen, keine weiteren Inhalte dieses Ratgebers in die Praxis umzusetzen, bevor nicht folgende Bedingungen erfüllt sind:

1. **Sie haben Ihre fachlichen und charakterlichen Stärken ausgearbeitet.**

2. **Sie verfügen über eine einzige PDF-Datei (zur Not auch zwei), die Ihren tabellarischen Lebenslauf sowie Ihre Zeugnisse und sonstigen Belege enthält und zudem aussagekräftig Ihr berufliches Profil darstellt.**

3. **Ein fertiges Musteranschreiben liegt Ihnen als separate Datei vor.**

4. **Sie verfügen über einen vorbereiteten Arbeitsplatz inklusive Internetzugang und Telefon, an dem Sie vier Wochen lang einige Stunden täglich ungestört arbeiten können.**

Haben Sie alle Kriterien erfüllt, haben Sie perfekte Voraussetzungen geschaffen, um loslegen zu können. Vielleicht möchten Sie schon jetzt eine Entscheidung treffen?

- **Meine Suche nach dem beruflichen Glück soll starten am ....**

4 Den neuen Job finden

Kommen wir nun zum entscheidenden Thema dieses Werks. Falls Sie alle Empfehlungen dieses Kapitels konsequent in die Praxis umsetzen, werden Sie schon in wenigen Wochen außergewöhnliche Ergebnisse erzielen. Sie werden bereits Einladungen zu Vorstellungsgesprächen vorliegen haben, während andere noch damit beschäftigt sind, in Online- oder Printmedien nach passenden Stellenanzeigen zu suchen.

> ■ **Sie entdecken Stellen, die andere Bewerberinnen und Bewerber entweder nie oder viel zu spät bemerken werden.**

Die Herausforderung liegt darin, dass Sie sich zwar auf unveröffentlichte Vakanzen bewerben möchten, diese aber nicht in Zeitungen oder im Internet zu finden sind. Es stellt sich also die spannende Frage, wie Sie diese scheinbar widersprüchliche Ausgangssituation meistern können.

In der Vergangenheit konnten unveröffentlichte Positionen durch klassische Initiativbewerbungen entdeckt werden. Initiativ bedeutete bisher, Bewerbungsunterlagen ‚blind‘ an potenzielle Arbeitgeber zu versenden. Noch vor wenigen Jahren war dies eine erfolgversprechende Bewerbungsstrategie. Auch für die Firmen war dies anfänglich durchaus bequem. Arbeitssuchende kamen von selbst auf die Unternehmen zu. Die Personalbeauftragten mussten sich nur noch die besten Kandidaten herauspicken.

Leider ist diese Vorgehensweise nicht mehr zeitgemäß. Die anfänglichen Vorteile haben sich ins Gegenteil verkehrt. Es gibt mittlerweile zu viele Jobsuchende, die einfach eine Vielzahl an Bewerbungsunterlagen an alle möglichen Personalabteilungen versenden. Viele Arbeitgeber werden heute förmlich von solchen Initiativbewerbungen überschwemmt. Das Resultat ist, dass es Großkonzerne gibt, die täglich Hunderte von Bewerbungsunterlagen erhalten. Sie haben richtig gelesen: Hunderte, und zwar

Tag für Tag! Bei besonders bekannten Unternehmen kann diese enorme Menge täglich eingehender Blindbewerbungen sogar auf über Tausend belaufen!

Bewerberinnen und Bewerber laufen Gefahr, in der Masse heillos unterzugehen. Auch die Arbeitgeberseite zeigt sich zunehmend genervt. Immer mehr Unternehmen möchten sich diesen zeitlichen und administrativen Kostenfaktor, Berge von ungebetenen Bewerbungen abarbeiten zu müssen, nicht mehr zumuten. Es gibt heute sogar Firmen, die auf Unterlagen, die nicht ausdrücklich angefordert wurden, überhaupt nicht mehr reagieren. Diese werden dann schon im Posteingang aussortiert.

Der alte Weg, sich initiativ zu bewerben beinhaltet für Sie einen weiteren, bedeutenden Nachteil:

- **Mit dem unaufgeforderten Versand von Initiativbewerbungen treffen Sie so gut wie immer den falschen Bewerbungszeitpunkt.**

Ist beim betreffenden Unternehmen gerade keine Stelle frei, sind Sie dort auf eine professionelle Verarbeitung der Bewerberdaten angewiesen. Nur wenn diese administrative Grundvoraussetzung gegeben ist, können Sie wieder ins Spiel kommen, falls zu einem späteren Zeitpunkt eine passende Position frei wird. Nur dann, wenn Ihre Daten im Vorfeld optimal erfasst und verarbeitet wurden, wäre dies möglich. Leider erfüllen die wenigsten Unternehmen diese Voraussetzung. Vielleicht wird Ihnen sogar mitgeteilt, dass man sich wieder bei Ihnen melden werde, falls sich irgendwann etwas ergeben sollte. Doch in der Realität hören die meisten Bewerber nie mehr etwas von der betreffenden Firma.

Die Ursache von alledem liegt in den bereits erwähnten Rationalisierungsmaßnahmen vergangener Jahre begründet: Personalknappheit ist an der Tagesordnung. Mitarbeiterinnen und Mitarbeiter haben heute in der Regel mehr Arbeitsaufgaben zu bewältigen als noch vor einigen Jahren. Aus dieser erhöhten Arbeitsbelastung eines jeden Beschäftigten resultiert zwangsläufig eine Verschlechterung von Arbeitsergebnissen und der Qualität von Betriebsabläufen. Das betrifft natürlich auch die organisatorischen und administrativen Vorgänge. Eine professionelle Ablage (bzw. Wiedervorlage) früher eingegangener Bewerbungsunterlagen findet immer seltener statt. Dies kostet Zeit, die man sich heute nicht mehr nehmen möchte. Zudem läuft ein Personaler oder Entscheidungsträger immer Gefahr, sich mit Bewerbern zu beschäftigen, die zwischenzeitlich einen anderen Job gefunden haben und deshalb nicht mehr zur Verfügung stehen. Als Folge davon werden in den Personalabteilungen eher aktuelle Bewerbungen bearbeitet. Die Wahrscheinlichkeit, dass ältere Unterlagen vergessen werden oder im Extremfall bewusst unberücksichtigt bleiben, ist mehr als hoch. Natürlich könnten Sie dieses Problem lösen, indem Sie Ihre Unterlagen immer wieder den gleichen Arbeitgebern zusenden. Die Frage, ob dies eine clevere Idee ist, können Sie sich sicher selbst beantworten.

Es bleibt also die Zwickmühle: Einerseits werden die interessanten und passenden Positionen für Bewerberinnen und Bewerber Ihres Jahrgangs meist nicht öffentlich ausgeschrieben, andererseits ist die bisherige Vorgehensweise für Initiativbewerbungen wenig zielführend. Was ist jetzt die Lösung? Ganz einfach:

> ▪ **Sie legen einen Zwischenschritt ein und erfragen zunächst, ob Ihre Bewerbung erwünscht ist.**

Das heißt, Sie holen sich quasi die Genehmigung für Ihre Bewerbung ein. Liegt Ihnen das Okay für die Zusendung Ihrer Unterlagen vor, wird sich Ihr Status schlagartig ändern. Man hat Ihnen das Angebot gemacht, sich bewerben zu können. Jemand erwartet den Eingang Ihrer Unterlagen. Dies alles ist eine völlig andere Ausgangssituation!

Um sich irgendwo erkundigen zu können, müssen Sie erst einmal wissen, welche Unternehmen, Institutionen, Behörden, Vereine, Einrichtungen oder sonstige Arbeitgeber für Sie infrage kommen. Wer passt zu Ihrem Profil bzw. Berufswunsch?

> ▪ **Als ersten Schritt recherchieren Sie Ihre Arbeitgeberzielgruppe.**

Erst wenn Sie dies erledigt haben, können Sie Kontakt aufnehmen, um sich eine Bewerbungszusage abzuholen:

> ▪ **Im zweiten Schritt nehmen Sie Kontakt auf und erfragen, ob eine Bewerbung sinnvoll ist.**

Demnach durchlaufen Sie zunächst eine Recherche- und Kommunikationsphase, bevor Sie sich bewerben. Sie beginnen also Kontakt aufzunehmen und minimieren das Risiko, in der Masse unterzugehen. Sie werden aktiv und versenden keine Unterlagen mehr ins ‚Blaue‘ hinein. Sie setzen nicht mehr auf das Prinzip ‚Hoffnung‘, sondern Sie tragen selbst dafür Sorge, dass Ihre Bewerbung Beachtung findet. Sie nehmen Ihr Schicksal selbst in die Hand.

Dabei entdecken Sie nicht nur unveröffentlichte freie Stellen, sondern Sie erhalten darüber hinaus die Namen wichtiger Ansprechpartner. Zudem treffen Sie exakt den richtigen Bewerbungszeitpunkt. Ihre Bewerbung wird erwartet und landet wahrscheinlich direkt auf dem Schreibtisch der zuständigen Person. Dieser Ablaufplan ist damit nicht nur zielführend, sondern vor allem effektiv:

- **Der Versand Ihrer Bewerbungsunterlagen erfolgt erst dann, wenn Ihr Angebot auf eine Nachfrage stößt.**

Lange Rede, kurzer Sinn: Die für Ihren Lebensabschnitt maßgeschneiderte Strategie besteht aus einem Ablaufplan, der aus drei Phasen besteht:

1. **Recherchephase**

2. **Kontaktphase**

3. **Bewerbungsphase**

In den folgenden Kapiteln werde ich nun auf jede einzelne Phase näher eingehen. Manchmal können Sie schon während der Recherchearbeit Kontakt aufnehmen. Ebenso ist es z.B. möglich, sich während der Kontaktaufnahme zu bewerben. Sie sehen, es gibt also Überschneidungen. Dennoch werde ich alle drei Phasen isoliert voneinander behandeln. Dadurch können Sie die darin enthaltenen Zusammenhänge besser nachvollziehen.

4.1. Recherchephase

Das Ziel dieser ersten Phase ist die Erstellung einer Liste Ihrer Arbeitgeberzielgruppe. Sie sammeln also Daten von Unternehmen. Damit verschaffen Sie sich einen Überblick über denjenigen Teil des Arbeitsmarkts, der Sie persönlich betrifft.

Haben Sie passende Firmen entdeckt, werden Sie im zweiten Schritt mit diesen in Kontakt treten. Es ist deshalb effektiv, dies schon während der Recherchearbeit zu berücksichtigen und so die nächste Phase gleich mit vorzubereiten. Notieren Sie sich daher schon bei Ihrer Recherchearbeit die Telefonnummern oder E-Mail-Adressen der betreffenden Arbeitgeber. In der Summe soll eine Aufstellung entstehen, die folgendes beinhaltet:

- **Arbeitgeber, bei denen Sie sich vorstellen könnten, sich zu bewerben.**
- **Die dazugehörigen allgemeingültigen Telefonnummern und E-Mail-Adressen.**

Sie werden dabei auch auf Firmen stoßen, bei denen Sie sich im Vorfeld nicht sicher sind, ob diese für Sie infrage kommen. Nehmen Sie im Zweifelsfall auch jene in Ihre Aufstellung mit auf. Sie haben nichts zu verlieren. Es besteht die Chance, dass ein unbekanntes Unternehmen sich im Nachhinein als ideal herausstellt. Später, im sich anschließenden Kapitel „Kontaktphase", werde ich Ihnen Kommunikationstechniken vorstellen, die besonders zeitsparend sind. Falls sich ein herausgepicktes Unternehmen doch als uninteressant, unprofessionell oder gar inkompetent entpuppen sollte, haben Sie nicht viel Zeit verschwendet.

Es gibt viele Wege, Arbeitgeber zu recherchieren. Ich werde Ihnen im Folgenden die für Sie effektivsten Varianten vorstellen:

- **Daten aus unpassenden Stelleninseraten**
- **Alltagsbegegnungen**
- **Messebesuche**
- **Ideen aus dem privaten Umfeld**
- **Internetrecherche**
- **Externe Netzwerke**

Mit einem Mix dieser Recherchemöglichkeiten erzielen Sie die besten Ergebnisse. Welche Wege für Sie besonders zweckmäßig sind, wird von Ihrer Persönlichkeit, von Ihrem beruflichen Profil und Ihren spezifischen Rahmenbedingungen abhängen. Dennoch empfehle ich Ihnen, sich zunächst allen Punkten zu widmen. Erst, wenn Sie alle Varianten einige Male in der Praxis getestet haben, können Sie bewerten, welche die effektivsten für Ihre Situation sind.

Jeder Recherchevariante wird nun ein eigenes Unterkapitel gewidmet. Ich starte mit der einfachsten aller aufgezählten Möglichkeiten.

4.1.1. Daten aus unpassenden Stellenanzeigen

Obwohl ich in diesem Ratgeber nicht auf veröffentlichte Jobangebote eingehe, können Sie Stelleninserate dennoch für Ihre Zwecke gut nutzen. Wenn Sie sich Anzeigen in Print- oder Onlinemedien im Ganzen anschauen, werden Sie schnell einige potenzielle Arbeitgeberadressen entdecken. Dabei können Ihnen die in den Inseraten angebotenen Stellen egal sein. Sie sind lediglich an den Daten des Arbeitgebers interessiert. Sie brauchen sich nur die Frage zu stellen, ob grundsätzlich das inserierende Unternehmen für eine spätere Bewerbung Ihrerseits infrage kommen könnte.

- **Entnehmen Sie passende Arbeitgeberdaten aus nicht passenden Stellenanzeigen.**

Ideal ist es, wenn Sie jemanden kennen, der Zeitungen eine Zeit lang aufbewahrt. So können Sie die Inserate vieler Ausgaben sichten. Die meisten Tageszeitungen veröffentlichen ihre Stellenangebote auch online auf ihren Internetpräsenzen. Dort können Sie die entsprechenden Inserate bequem entnehmen. Darüber hinaus sind auch branchenspezifische Fachzeitschriften durchzuarbeiten. Des Weiteren sollten Sie Online-Jobbörsen nutzen. Die drei Marktführer sind:

- **Monster/Jobpilot**
- **Jobscout24**
- **Stepstone**

Zusätzlich existieren natürlich noch eine Unmenge branchenspezifischer und regionaler Online-Jobbörsen. Welche davon für Sie zweckmäßig sind, hängt von Ihrer Arbeitgeberzielgruppe ab. Bei jeglicher Empfehlung für bestimmte Internetadressen besteht die Gefahr, dass sie im gleichen Moment, in dem sie genannt bzw. abgedruckt werden, bereits veraltet sind.

Der bessere Weg ist, sich bei der „Agentur für Arbeit" (Deutschland), den „Regionalen Arbeitsvermittlungszentren" (Schweiz) oder dem „Arbeitsmarktservice" (Österreich) aktuelle Aufstellungen geben zu lassen.

Im Übrigen werden Sie es bei dieser Recherchevariante mit Tausenden von Stellenanzeigen zu tun bekommen. Sie sollten alle durchklicken. Was mit einiger Routine weniger Zeit erfordert, als Sie derzeit vermuten.

Nahezu alle Jobbörsen haben eine regionale Suchfunktion. Geben Sie einen Umkreis für die gewünschte Region ein, in der Sie eine Anstellung suchen. Alle anderen Eingrenzungen, wie beispielsweise Branche, Tätigkeit, Beschäftigungsart etc. führen dazu, dass Sie nicht alle möglichen Arbeitgeber angezeigt bekommen. Bedenken Sie immer, dass bei Unternehmen, die beispielsweise einen Hausmeister suchen, natürlich auch IT-, kaufmännische Positionen oder sonstige Tätigkeitsbereiche existieren können. Also: Schauen Sie sich daher alle Inserate Ihrer Region an! Das kostet Sie vielleicht einen Vormittag – dennoch lohnt es sich. Als Ergebnis dieser Recherchetechnik ist es durchaus möglich, 100 bis 300 interessante Unternehmen zu entdecken. Erfahrungsgemäß werden Sie schon bei diesen ermittelten Arbeitgebern die ersten Jobangebote generieren können (später mehr dazu). Dementsprechend ist es wichtig, sich diese Mühe zu machen, auch wirklich alle Inserate kurz anzuschauen, unabhängig davon, welche Stellen im Einzelnen angeboten werden.

Beispiel:

Herr D. war Kaufmann im Groß- und Außenhandel. Er hatte sich bisher nur einige wenige Male beworben, da er keine passenden Stellenangebote finden konnte. Herr D. war zwar flexibel und mobil, dennoch bevorzugte er eine bestimmte Region. Darüber hinaus stand er auch solchen kaufmännischen Positionen offen gegenüber, die nichts mit dem Thema Groß- und Außenhandel zu tun hatten. Seine Arbeitgeberzielgruppe war demnach nicht branchenbezogen.

Ich schlug ihm deshalb vor, zunächst in seiner bevorzugten Region mit der Recherche von potenziellen Arbeitgebern zu beginnen. Neben anderen Recherchevarianten wollte er sich nun veröffentlichte Stellenangebote der letz-

ten Wochen ansehen. Wir beschlossen, mit zwei Tageszeitungen des gewünschten Ballungsraums zu starten. Auf den jeweiligen Online-Ausgaben der Verlage konnten im Internet alle Anzeigen der letzten vier Wochen gesichtet werden. Insgesamt wurden mehr als 900 Inserate angezeigt. Er klickte sie alle durch. Bei ca. 80 Anzeigen erschienen die Unternehmen passend. Herr D. druckte diese aus oder speicherte sie entsprechend ab.

Darüber hinaus sichtete Herr D. drei Internet-Jobbörsen. Er gab die entsprechende Postleitzahl ein und begrenzte seine Suche auf einen Umkreis von 25 Kilometern. Insgesamt ergaben sich mehr als 1.500 Suchtreffer. Ungefähr zwei Drittel davon waren von Personaldienstleistungsunternehmen veröffentlicht. Diese ließ er natürlich links liegen. Nach wenigen Stunden Recherchearbeit waren ungefähr 120 Unternehmen zusammengekommen. Herrn D. lagen insgesamt nun zirka 200 Arbeitgebernamen inklusive erster E-Mail-Adressen oder Telefonnummern vor.

Erfahrungsgemäß fallen bei dieser Recherchevariante einige Jobsuchende immer wieder in nostalgische Bewerbungstechniken zurück und konzentrieren sich bei den entdeckten Stellenanzeigen auf die dort angebotenen Positionen. Sie tun dies bitte nicht! Sie suchen lediglich nach passenden Unternehmensdaten.

Selbstverständlich werden Sie als Nebeneffekt dieser Recherchearbeit auch solche Inserate entdecken, die auf Ihren Berufswunsch passen könnten. Und natürlich lassen Sie keine Chance ungenutzt und bewerben sich dann dort auch. Dennoch sollten Sie sich meine Eingangsworte über den verdeckten Stellenmarkt und Ihre Konkurrenzsituation mit anderen Jobsuchenden in Erinnerung rufen. Falls Sie tatsächlich das Ziel haben, noch einmal berufliches Glück finden zu wollen, benötigen Sie außergewöhnliche Jobchancen. Diese Positionen werden Sie nur sehr schwierig ergattern können, wenn Sie sich wieder leichtfertig in den Wettbewerb mit Jüngeren begeben oder auf solche Stellen hoffen, die von den Firmen wahrscheinlich nur deshalb inseriert werden, weil es irgendwo einen Haken gibt. Ginge es nämlich um hervorragende Arbeitsbedingungen, Konditionen oder Perspektiven, finden sich passende Kandidaten in der Regel meist wie von selbst (Ausnahme: Unternehmen suchen Qualifikationen, die auf dem heutigen Arbeitsmarkt nicht mehr so einfach zu bekommen sind).

- **Erinnern Sie sich immer wieder daran, dass Sie in erster Linie auf der Suche nach Arbeitgeberdaten sind und nicht nach öffentlich ausgeschriebenen Stellenanzeigen.**

Sie müssen sich auch nicht großartig über die entdeckten Unternehmen schlau machen. Dafür haben Sie in dieser ersten Phase keine Zeit. Sie haben eine größtmögliche Menge von Anzeigen zu sichten. Die Mühe, sich umfangreicher über einen Arbeitgeber zu informieren, ist erst dann unbedingt erforderlich, wenn Sie von diesem später einen konkreten Job angeboten bekommen. Jetzt, an dieser Stelle Ihrer Aktivitäten, machen Sie sich bitte über ungelegte Eier noch keinen Kopf. Sie müssen sich nur kurz überlegen, ob in diesen entdeckten Unternehmen Tätigkeitsbereiche vorhanden sein könnten, die zu Ihrem Berufswunsch passend sind. Gehen wir weiter zur nächsten Recherchevariante.

4.1.2. Alltagsbegegnungen

Wir werden im Alltag täglich mit Unternehmen, Institutionen und Behörden konfrontiert. Man vergisst aber leicht, dass diese zugleich auch Arbeitgeber sind. Sie hingegen sollten sich dieser Tatsache bewusst werden. Machen Sie sich über Ihren Alltag ein paar Gedanken:

- **An welchen Arbeitgebern fahre ich täglich mit meinem Auto, Fahrrad oder mit Bus und Bahn vorbei?**
- **Welche Unternehmen gibt es in meinem Ort bzw. in meinem Stadtviertel?**
- **Wo bin ich selbst Kunde? Von welchen Unternehmen habe ich Rechnungen, Angebote oder sonstige Belege erhalten und abgelegt?**
- **Welche erscheinen auf Prospekten, Plakaten, Bekanntmachungen, Werbeanzeigen oder im Rahmen sonstiger Marketingauftritte?**
- **Welche Unternehmen fallen mir im Fernsehen und im Radio auf?**

Ideal wäre es, wenn Sie ein mobiles Telefon mit integrierter Fotofunktion besitzen. Falls Ihnen irgendwo etwas ins Auge fällt (z.B. ein Firmenschild oder ein Logo auf einem Plakat), machen Sie einfach ein Foto davon. Am Schreibtisch zu Hause angekommen, können Sie dann die fehlenden Telefonnummern oder E-Mail-Adressen im Internet nachrecherchieren. Erfahren Sie im Alltag zufällig auf andere Weise von Arbeitgebern, können Sie ähnlich vorgehen. Tippen Sie den Namen einfach in Ihr Mobiltelefon ein oder notieren Sie sich die Daten auf einem Zettel. So können Sie Ihre Liste möglicher Arbeitgeber stetig erweitern.

4.1.3. Messebesuche

Falls Sie für Ihren neuen Job eine klar definierte Branche anstreben, ist der Besuch von Messen sicher die beste Recherchevariante. An einem einzigen Ort finden Sie die Mehrzahl aller maßgeblichen Unternehmen vor. Visitenkarten, Imagebroschüren oder Geschäftsberichte können eingesammelt und Kontakte direkt geknüpft werden. Wichtige E-Mail-Adressen oder Telefonnummern sowie Namen von zuständigen Ansprechpartnern sind ebenso leicht ermittelbar. Ihnen werden nahezu ideale Bedingungen zur Arbeitgeberrecherche geboten.

Beispiel:

Frau F. war Leiterin eines Seniorenheims. Ihre Einrichtung wurde von einem großen Träger übernommen. Sie wurde Opfer von Rationalisierungsmaßnahmen. Ihr Job wurde jetzt von einer 25-jährigen Frau gemacht.

Auf meine Frage, ob Frau F. denn ihre Arbeitgeberzielgruppe kenne, stellte sich heraus, dass sie bisher nur mit einer Einrichtung Gespräche geführt hatte. Kurzerhand wurden die Begriffe MESSE, SENIOREN, BETREUTES WOHNEN, ALTENHEIME und Ähnliches in eine Internet-Suchmaschine eingegeben und wir hatten Glück. Eine 50plus-Messe stand an. Am Wochenende wurden auch Privatpersonen eingelassen.

Frau F. war es nicht gewohnt, fremde Menschen anzusprechen. Ich habe ihr deshalb empfohlen, sich nicht zu sehr zu Gesprächen zu zwingen. Vielmehr sollte sie auf der Messe Visitenkarten oder Broschüren von interessanten Arbeitgebern sammeln. Dafür studierten wir zwei bis drei simple Formulierungen ein.

Zwei Wochen später, zum zweiten Gespräch, erschien eine erleichterte Frau F. Sie erzählte, dass sie den ganzen Sonntag auf der Messe verbrachte. Und dies hatte ihr sogar viel Freude bereitet. Etwas mehr als 150 Firmen und gemeinnützige Einrichtungen hatten sich dort präsentiert. Davon erschienen 33 Aussteller interessant. Frau F. nahm sich entweder Infobroschüren mit oder fragte nach einer Visitenkarte. Dabei entwickelten sich, und zwar ohne ihr aktives Zutun, einige interessante Gespräche. Obwohl die Messe per se mit dem Thema Personalbeschaffung nichts zu tun hatte, wurde sie in acht Fällen ausdrücklich ermuntert, sich zu bewerben. Alle dafür notwendigen Namen der zuständigen Mitarbeiter sowie deren Kontaktdaten wurden ihr bereitwillig mitgeteilt.

In einem Fall landete Frau F. sogar einen Volltreffer: Ein Entscheidungsträger war zufällig anwesend, als sie sich am Messestand informieren wollte. Sie wurde zu einem Kaffee eingeladen und man unterhielt sich einige Minuten. Am Ende des Gesprächs hatte Frau F. die Einladung für ein Vorstellungsgespräch in der Tasche.

In der Summe hatte sie durch einen einzigen Messebesuch 33 hochinteressanter Arbeitgeber kennengelernt. Zudem lagen ihr Informationen vor, welche Kontaktdaten und Ansprechpartner maßgeblich sind. In vielen Fällen gab man ihr sogar Auskunft über interne Abläufe und Anforderungen. Manchmal erhielt sie sogar wertvolle Tipps, welche weiteren Vorgehensweisen bei der jeweiligen Einrichtung am erfolgversprechendsten sind, also eine ganze Menge von Insiderinformationen.

Falls bei Messen keine Privatpersonen zugelassen sind oder gerade keine passenden Veranstaltungen stattfinden, können Sie zumindest versuchen, Ausstellerlisten im Internet zu recherchieren.

4.1.4. Ideen aus dem privaten Umfeld

Die wertvollste Ideenquelle für mögliche Arbeitgeber liegt in Ihrem privaten Umfeld. Ich mache regelmäßig die Erfahrung, dass viele Jobsuchende dieses hohe Potenzial völlig außer Acht lassen, um von interessanten Unternehmen zu erfahren.

Früher hatte der Status ‚auf Jobsuche zu sein' für den Betroffenen etwas Peinliches. Vielleicht möchten deshalb viele Arbeitssuchende nicht über ihre Situation sprechen. Diese Einstellung ist jedoch nicht mehr zeitgemäß. Aufgrund des dynamischeren Arbeitsmarkts ist heute nahezu jeder

Arbeitnehmer mit diesem Thema mehr oder weniger konfrontiert. Jobwechsel oder Arbeitslosigkeit gehören heute zum Berufsalltag. Prüfen Sie bitte, ob Sie aus Scham Ihre Suche nach einem neuen Arbeitsplatz verheimlichen:

 ▪ **Informieren Sie Ihr Freunde und Bekannte über Ihre Jobsuche und bitten Sie sie darum, sich zu melden, falls sie von interessanten Arbeitgebern oder freien Stellen erfahren.**

Hängen Sie Ihren Berufswunsch an die große Glocke: Allein durch die Initiative, Ihr Umfeld kurz in Kenntnis zu setzen, dass Sie gerade auf Jobsuche sind, wird sich erfahrungsgemäß schon die eine oder andere interessante Gelegenheit ergeben. Immer wieder gibt es Beispiele, in welchen der Bekanntenkreis sogar als eine Art ‚Jobvermittler' fungierte.

Nur wenn Sie permanent kommunizieren, bewahren Sie sich die Chance wertvolle Informationen über mögliche Arbeitgeber zu erhalten. Insbesondere aufgrund Ihres Lebensalters kennen Sie sicher mehr Menschen, als Sie derzeit vermuten. Manche sind Freunde, andere schätzen Sie als gute Bekannte und einige kennen Sie nur durch Smalltalks. Neben alledem stehen die vielen Begegnungen in der Vergangenheit. Oft hat man sich ohne besonderen Grund aus den Augen verloren. Solche Bekannte sollten Sie sich wieder ins Gedächtnis rufen. Vielleicht ist ein Kontakt dabei, der Ihnen den entscheidenden Tipp geben kann.

Auf den folgenden Seiten gebe ich Ihnen nun Gelegenheit, sich an Ihr aktuelles sowie früheres privates Umfeld zu erinnern. Es folgen Assoziationslisten. Diese Tabellen dienen Ihrer Inspiration. Damit wird Ihnen wieder vieles einfallen. Falls Sie von einigen Bekannten keine Kontaktdaten mehr haben, gibt es zusätzlich die Möglichkeit einzutragen, welche anderen Personen Sie danach fragen könnten.

Sie werden überrascht sein, wie viele mögliche Arbeitgeber Ihnen einfallen, wenn Sie über andere Personen nachdenken. Sie werden sich nämlich automatisch fragen, wo diese beruflich tätig sind oder waren.

Gehen Sie jetzt in aller Ruhe die folgende Übung Punkt für Punkt durch:

	Namen	Telefon-Nummer oder E-Mail-Adresse	Personen, die ich danach fragen könnte
Aktuelle Freunde und Verwandte?			
Weiterer Bekanntenkreis?			
Schulkameraden?			
Dozenten von Fort- und Weiterbildungen?			

	Namen	Telefon-Nummer oder E-Mail-Adresse	Personen, die ich danach fragen könnte
Frühere Spielka- meraden?			
Frühere Arbeits- kollegen/innen?			
Frühere Vorge- setzte oder Chefs?			
Kollegen und Vorgesetzte bei Neben- oder Zweitjobs?			

	Namen	Telefon-Nummer oder E-Mail-Adresse	Personen, die ich danach fragen könnte
Mitbewoh-ner/innen oder Nachbarn im Haus?			
Nachbarn in der Straße?			
Vereinsleben?			
Sonstige Gruppen, in denen ich aktiv war?			

	Namen	Telefon-Nummer oder E-Mail-Adresse	Personen, die ich danach fragen könnte
Mitreisende oder Bekanntschaften im Urlaub?			
Umfeld des Partners bzw. früherer Partnerschaften?			
Personen in Fotoalben oder Bilddateien?			
Sonstige Ideen?			

Haben Sie sich alle Namen notiert, können Sie sich zwei Fragen stellen:

- **Wer arbeitet wo?**
- **Sind darunter Firmen, bei denen ich mich gerne bewerben würde?**

Bei vielen Personen wird Ihnen sicher bekannt sein, wo sie arbeiten. Bei anderen wiederum nicht. Dies ist dann ein guter Anlass, mal wieder etwas von sich hören zu lassen. So können Sie sich erkundigen, was der eine oder andere beruflich macht. Oder wie die letzten Jahre ganz allgemein gelaufen sind. Wie es mit der Liebe und dem Leben steht. Vielleicht möchten Sie aber auch nur kurz und sachlich über Ihren Status als Jobsuchende/r informieren. Es gibt zahlreiche Gründe, sich mal wieder zu melden. Ihnen werden bestimmt genügend Anlässe einfallen.

Im Übrigen werde ich Ihnen später, speziell zu diesen privaten Konstellationen keine vorgefertigten Gesprächsleitfäden liefern. Dies hat seinen Grund: Der Einsatz Ihres natürlichen Sprachgebrauchs ist in Ihrem Umfeld am erfolgreichsten.

- **Bleiben Sie bei Ihrem Naturell und erinnern Sie sich, dass es auch Spaß machen kann, mal wieder etwas von sich hören zu lassen.**

Ebenso müssen Sie Ihre bisherigen Kommunikationskanäle nicht ändern. Das heißt, sind Sie jemand, der am liebsten telefoniert, dann bleiben Sie dabei. Falls Sie in der Regel lieber E-Mails versenden, sollten Sie dies auch weiterhin so machen. Sind Sie eher ein Online-Community-Typ, dann kommunizieren Sie weiter über Ihr Internet-Netzwerk. Es ist nicht wichtig, wie Sie Kontakt aufnehmen oder welche Worte Sie finden, um andere über Ihre Jobsuche zu informieren bzw. um herauszubekommen, wer wo arbeitet. Wichtig ist nur, dass Sie es überhaupt tun.

Beispiel:

Herr G. war Verkaufsleiter bei einem Großhandel für Eisenwaren. Er verlor seinen Job, weil sein Arbeitgeber Insolvenz anmeldete. Er war nun Teilnehmer einer Trainings-Maßnahme, die ich durchzuführen hatte. In der Hauptsache betreute ich dabei 45plus-Bewerber.

Die Übung mit der Assoziationsliste stand an. Herr G. sammelte 250 Namen. Er war darüber sehr überrascht, da er immer der Meinung war, er würde niemanden kennen. Ihm fiel auf, dass er über eine enorme Menge früherer Arbeitskollegen verfügte. Er nahm sich für den Abend vor, sich bei diesen telefonisch zu melden, um alle über seine Jobsuche zu informieren. Zudem war er ein wenig neugierig geworden, was wohl aus dem einen oder anderen geworden war.

Am nächsten Seminartag erschien ein fröhlicher Herr G. Er berichtete, dass er bis in die Nacht hinein telefonierte. Es hatte ihm viel Spaß gemacht und zudem sei es sehr überraschend gewesen, dass sich manche in einer ähnlichen Situation befanden wie er zurzeit. Darüber hinaus war er sehr gerührt, dass sich nahezu alle ehemaligen Arbeitskollegen sehr gefreut hätten, mal wieder etwas von ihm zu hören. In der Summe brachte ihm der Abend fünfzehn neue Ideen für mögliche Arbeitgeber.

Mit einem Telefonat jedoch landetet Herr G. einen Volltreffer: Als er seinen ehemaligen Teamleiter, noch aus seiner allerersten Anstellung nach seinem Studium, anrief, stellte sich heraus, dass jener Mann mittlerweile Geschäftsführer eines mittelständischen Unternehmens war. Dieser suchte nämlich gerade einen neuen Vertriebschef, weil sein bisheriger Mitarbeiter von der Konkurrenz abgeworben wurde. „Das ist doch kein Zufall", meinte sein ehemaliger Vorgesetzter. Herr G. solle unbedingt noch diese Woche auf einen Kaffee vorbeikommen, um sich mal wieder zu sehen und sich grundsätzlich austauschen zu können. Vielleicht würde sich ja etwas ergeben.

Drei Wochen später unterschrieb Herr G. seinen Arbeitsvertrag.

Es wäre nicht das erste Mal, das sich bei dieser Variante der Recherchearbeit etwas ergibt, von dem Sie nicht zu träumen wagten.

> **Geben Sie auch Zufällen und Überraschungen eine Chance.**

Zumindest werden Sie eine Vielzahl neuer Ideen für infrage kommende Unternehmen generieren. So wird Ihre Aufstellung über Ihre Arbeitgeberzielgruppe größer und größer.

4.1.5. Internetrecherche

Geht es um die Recherchearbeit, kommt dem Internet maßgebliche Bedeutung zu. Es ist eine beinahe unbegrenzte Fundgrube, um potenzielle

Arbeitgeber zu entdecken. Falls Sie im Umgang mit dem Internet noch ungeübt sind, ist dies eine ideale Gelegenheit, sich damit etwas näher zu befassen. Man bemerkt oft gar nicht, dass man fast nebenbei und vor allem spielerisch zum Könner wird.

So umfangreich das World Wide Web ist, so dynamisch ist es aber leider auch. Täglich entstehen neue Internetseiten. Ebenso verschwinden viele Präsenzen. Zudem werden die Seiten permanent modifiziert und neu verlinkt. Die beste Möglichkeit, aktuelle Daten zu generieren und sich einen Überblick in diesem Dschungel von Informationen zu verschaffen, ist der geübte Umgang mit Suchmaschinen. Die wichtigsten Internet-Suchmaschinen sind:

- **Google, Yahoo und Bing**

Im Übrigen übernehmen alle anderen Suchmaschinen zu 90 Prozent die Ergebnisse der drei großen Marktführer. Demnach können Sie unbesorgt eine der oben genannten Adressen verwenden.

Die althergebrachte Redewendung „Der Weg ist das Ziel" findet hier seinen aktuellen Bezug. Probieren Sie alle möglichen Suchbegriffe aus, um die für Sie geeigneten Unternehmen finden zu können. Das Ganze ist nichts anderes als eine Frage Ihrer Kreativität. Entdecken Sie Ihren Spaß an ein bisschen Detektivarbeit. Surfen Sie im Internet und lassen Sie sich von den Suchergebnissen überraschen. Wenn Sie täglich online recherchieren, werden Sie in diesem Metier schneller routiniert sein, als Sie denken.

Auch ganze Branchen- oder sonstige Arbeitgeberlisten können online gefunden werden. So sind beispielsweise Unternehmensverzeichnisse oft auf den Internetseiten der Städte und Gemeinden zu finden (meist unter dem Button „Wirtschaft", „Gewerbe", „Unternehmen" oder ähnlichem versteckt). Falls regional begrenzt gesucht wird, können Unternehmen dort sehr einfach recherchiert werden. Oft gibt es gleich die passenden Telefonnummern, Homepage- und E-Mail-Adressen dazu. Die Betreiber dieser städtischen Internetpräsenzen haben es in der Regel geschafft, dort mehr als die Hälfte aller ansässigen Arbeitgeber zu listen.

Darüber hinaus können Sie Branchenbücher direkt anklicken. Falls Sie

Unternehmen suchen, die Endkunden als Zielgruppe haben, sind die „Gelben Seiten" noch immer eine gute Fundgrube.

Ebenso ist es möglich unter www.google.maps.de Branchen einzutippen (z.B. METALLBEARBEITUNG, „PLZ" und das Wort „Deutschland"). Dann werden Ihnen viele Firmen (links von der Landkarte) in der gewünschten Region angezeigt.

Es gibt unzählige Einsatzmöglichkeiten für Internetsuchmaschinen: Manchmal liegt Ihnen lediglich der Name eines Unternehmens vor. In diesem Fall können Sie die notwendigen Daten wie Firmierung, Telefonnummer oder E-Mail-Adresse online schnell recherchieren. Auf der Internetpräsenz des Unternehmens können Sie dann nach den fehlenden Kontaktdaten oder einfach nur nach dem „Impressum" suchen.

4.1.6. Externe Netzwerke

Darunter fallen Beziehungsgeflechte wie beispielsweise Vereine, Business-Clubs, Interessensgemeinschaften und sonstige bereits etablierte Zirkel. Allerdings weisen solche gesellschaftlichen Strukturen eher einen geschlossenen Charakter auf.

Zumindest in unserem Kulturkreis erfordert das Vorankommen in solchen Netzwerken unter Umständen viel Zeit und Engagement. Man hat sich zu etablieren. Darüber hinaus sind solche Netzwerke auch nicht jedermanns Sache.

- **Je niveauvoller und hochwertiger ein Netzwerk ist, desto schwieriger ist der Zugang.**

Im Umkehrschluss bedeutet das: Je einfacher Sie als Außenstehender zu bestimmten Gruppen Zugang finden, umso höher ist die Wahrscheinlichkeit, dass Sie dort auf Menschen treffen, die Ihnen zumindest bei Ihrem beruflichen Vorankommen nicht weiterhelfen können.

Bei niveauvollen Netzwerken sind Sie darauf angewiesen, für den Zugang empfohlen zu werden. Liegen Referenzen vor und ist der Eintritt geschafft, ist Zurückhaltung angebracht. Wer denkt, man könne dort im Handumdrehen (wie es oft versprochen wird) funktionierende Kontakte

aufbauen, wird schnell enttäuscht sein. Neulinge werden meist mit Argusaugen beobachtet. Vertrauen ist zunächst aufzubauen und erste Bekanntschaften müssen bedächtig angegangen werden.

Dies alles benötigt jedoch viel Zeit und Einsatzbereitschaft. Falls Sie
daran Spaß finden oder langfristig angelegte Karrierepläne schmieden,
können Sie sich das Ganze natürlich gönnen. Jetzt allerdings, benötigen Sie
schnelle Ergebnisse. Falls Sie nicht schon in Clubs, Vereinen, Verbänden
oder ähnlichen Gruppierungen aktiv sind, brauchen Sie, zumindest speziell
für Ihre jetzt anstehende Bewerbungsphase, diesen ganzen Aufwand nicht
zu betreiben. Die in diesem Buch vorgestellten übrigen Recherchetechni-
ken sind ausreichend, um später genügend interessante, nicht veröffentlichte Stellen zu entdecken.

Jedoch gibt es Netzwerk-Varianten, die in der Phase der Jobsuche nicht
uninteressant sind. Es geht hierbei um die zahlreichen Online-
Communities, die sich im Internet etabliert haben. Zwar haben diese das
Manko, dass der persönliche und emotionale Bezug fehlen und zudem
meist die kommerzielle Nutzung privater Daten sowie das Anzeigenge-
schäft im Vordergrund stehen, dennoch bieten diese Communities für Ihre
Zwecke einige Vorteile. Sie sind zur Recherche von Personen und Arbeitgebern wunderbar geeignet.

Wird Ihnen irgendwo ein Name als Ansprechpartner genannt, können
Sie diesen schnell einmal eintippen und sich von den Suchtreffern überraschen lassen. Demnach ist es durchaus sinnvoll, zumindest bei den großen
Internet-Netzwerken Mitglied zu sein. So haben Sie die notwendige Be-
rechtigung auf andere Online-Profile zuzugreifen. Die für Sie maßgeblichen Anbieter sind derzeit (in alphabetischer Reihenfolge):

- **Facebook (Allrounder, Zielgruppe eher U30)**
- **Google+ (Konkurrenz zu Facebook)**
- **LinkedIn (berufliche Kontakte, international)**
- **Xing (berufliche Kontakte, deutschsprachiger Raum)**

Haben Sie sich dort angemeldet und Ihr Profil angelegt, können Sie darüber hinaus selbst kontaktiert werden. Es könnte durchaus sein, dass je-

mand Sie erreichen möchte und Ihre Daten gerade nicht parat hat. So sind Sie online schnell zu finden. Zudem kann man Ihnen bequem eine Nachricht zukommen lassen. Auch im Umkehrschluss kann dies angenehm für Sie sein. Falls Ihnen einmal von einem namentlich bekannten Ansprechpartner die direkte E-Mail-Adresse oder die Telefon-Durchwahl nicht vorliegen sollte, können Sie ihn trotzdem auf simple Art und Weise erreichen.

Obwohl Online-Netzwerke umstritten sind, ist es heute dennoch eine Selbstverständlichkeit, dabei zu sein. Sie müssen lediglich eine gewisse Vorsicht walten lassen: Erstens bezweifle ich, dass die gesetzlichen Datenschutzbestimmungen bei den jeweiligen Anbietern tatsächlich eingehalten werden und zweitens sind einmal ins Internet eingestellte Daten grundsätzlich nicht mehr restlos löschbar. Das alles ist nicht weiter dramatisch, wenn Sie darauf achten, keine privaten Daten und Fotos ins World Wide Web hochzuladen.

■ **Ins Netz eingestellte Daten sind wie Tätowierungen. Hat man sich einmal dafür entschieden, ist diese Tatsache nicht mehr so leicht umkehrbar.**

Selbst dann, wenn ein Betreiber bereit ist, Ihre eingestellten Angaben wieder zu löschen, so müssen Sie davon ausgehen, dass Ihre gesamten Daten zwischenzeitlich von anderen Online-Dienstleistern weiterverarbeitet wurden. Grundsätzlich empfehle ich Ihnen:

■ **Sie sollten auf jeden Fall Ihren Berufswunsch ins Netz stellen.**

■ **Einige vorsichtig ausgewählte Teile Ihres Lebenslaufs ebenso.**

Diese Daten lassen sich im Übrigen beim Online-Netzwerk „Xing" sehr professionell veröffentlichen (eine Jobbörse wird dort ebenfalls angeboten). Zudem rate ich Ihnen, eher die Unterpunkte von einzelnen Lebenslaufstationen, also Ihre Kernkompetenzen, zu nennen, anstatt die konkreten Namen Ihrer bisherigen Arbeitgeber. Falls irgendwo Fotos hochzuladen sind, lege ich Ihnen ans Herz, sich auf eine einzige Aufnahme zu beschränken. Nehmen Sie einfach Ihr offizielles Bewerbungsfoto und ernennen Sie dieses ab sofort zu Ihrem PR-Bild.

Im Übrigen beachten die meisten User die genannten Vorsichtsmaßnahmen im Umgang mit dem Internet in keiner Weise. So können Sie als angehender ‚Online-Networker' viele Personen durchleuchten. Benötigen Sie Informationen über bestimmte Ansprechpartner oder deren Einbindung in Firmenhierarchien, geht dies recht einfach und schnell. Zudem sind die Suchergebnisse in manchen Fällen mehr als aussagekräftig. Sie müssen nur den zu recherchierenden Namen oder eine E-Mail-Adresse „googlen" (dabei immer in Anführungszeichen setzen), und es treten immer wieder beeindruckende Ergebnisse zu Tage (das Ganze kann durchaus sehr kurzweilig und abendfüllend sein).

Sie können ja mal ein Experiment durchführen: Recherchieren Sie sich doch einmal selbst. Dazu tippen Sie Ihren *„Vor- und Zunamen"* (die Anführungszeichen nicht vergessen) in eine Suchmaschine ein und lassen sich von den Ergebnissen überraschen.

Zurück zur Suche denkbarer Arbeitgeber: Falls Sie möglicherweise schon jetzt ein engagiertes Mitglied eines Online-Netzwerks sind, können Sie durchaus einmal Ihre Kontakte bzw. ‚Freunde' durchklicken und sich die bereits bekannten Fragen stellen:

- **Wer arbeitet wo?**
- **Wer kann mir unternehmensinterne Ansprechpartner, Telefonnummern oder E-Mail-Adressen besorgen?**

Sie sehen, es geht bei der Recherchearbeit immer wieder um das gleiche Prinzip: Welche Arbeitgeber gibt es? Sind diese für mich interessant? Und wenn ja, wie komme ich an erste Kontaktdaten heran, um mich später über freie Stellen und zuständige Ansprechpartner informieren zu können?

4.1.7. Zusammenfassung

In letzter Konsequenz haben Sie in dieser ersten Phase nichts anderes zu tun, als infrage kommende Firmen zu sammeln. Haben Sie Ihre Recherche abgeschlossen, verfügen Sie über folgende Informationen:

- **Von allen gesammelten Arbeitgebern liegen Ihnen Firmensitz, allgemeingültige E-Mail-Adressen oder Telefonnummern vor.**

Durch die Vielzahl der hier vorgestellten Recherchevarianten werden Sie bemerken, dass schnell eine sehr große Menge potenzieller Unternehmen,

Behörden oder Institutionen zusammenkommt. Diese Größenordnung ist jedoch gewollt. Selbstverständlich ist diese Anzahl von Ihrer Branche, Ihrem gewünschten Tätigkeitsbereich, Ihrer Anspruchshaltung sowie von der gewünschten Region, in der Sie arbeiten möchten, abhängig. Dennoch rate ich Ihnen:

- **Es wäre ideal, wenn sich bei der Recherchearbeit 200-300 potenzielle Arbeitgeber ergeben würden.**

Falls Sie jedoch nur einen kleinen Bruchteil dieses Rechercheziels erreichen, weil ganz einfach nicht genügend passende Arbeitgeber für Sie existieren, sollten Sie Ihre beruflichen Vorstellungen kurz auf den Prüfstand stellen. Vielleicht ist es möglich, Ihre Tätigkeits-Bandbreite oder den Radius der gewünschten Region zu erweitern. So gewährleisten Sie, dass die Gesamtmenge potenziell infrage kommender Unternehmen nicht zu gering ausfällt. Je weniger Firmen Ihnen zur Verfügung stehen, desto schlechter ist Ihre Position. Im Umkehrschluss heißt dies: Je mehr Auswahl Sie haben, desto höher ist auch die Wahrscheinlichkeit einen beruflichen Volltreffer zu landen.

Zum Schluss möchte ich noch erwähnen, dass Ihnen schon in dieser ersten Phase Ihrer Jobsuche einige zuständige, wichtige Ansprechpartner bekannt sein werden. Dies ist zwar ideal, allerdings nicht unbedingt erforderlich. Die für Sie zuständigen Mitarbeiter oder Entscheidungsträger werden in der jetzt anstehenden zweiten Phase sowieso ermittelt.

4.2. Kontaktphase

In diesem zweiten Schritt Ihrer Jobsuche, der Kontaktphase, beginnt die Fahndung nach offenen Stellen. Sie steigen nun konkret in den verdeckten Stellenmarkt ein.

Ich lege Ihnen noch einmal dringend ans Herz, sich erst dann zu bewerben, wenn Sie dafür ‚grünes Licht' bekommen haben. Weil die meisten Bewerber die direkte Kontaktaufnahme zu Arbeitgebern scheuen, werden

Bewerbungsunterlagen in der Regel schon auf den Weg gebracht, obwohl es dafür noch gar keinen Anlass gibt.

Natürlich ist es verführerisch, ohne die Beschaffung grundsätzlicher Informationen Unterlagen zu versenden. Das ist nicht nur bequem, man kann sich zudem einreden, aktiv gewesen zu sein und etwas für die Suche nach dem neuen beruflichen Glück getan zu haben. Die Bewerbung wird an eine ominöse „Personalabteilung" adressiert (obwohl die wenigsten Abteilungen heute noch so bezeichnet werden) und das Anschreiben wird mit einem unpersönlichen „Sehr geehrte Damen und Herren" eröffnet. Man hofft, dass sich schon irgendjemand damit befassen wird. Solche ‚Bewerber' verfolgen damit die gleiche Strategie wie hunderte andere Jobsuchende auch. Man weigert sich, den Gedanken aufkommen zu lassen, dass der betreffende Arbeitgeber mit der Bearbeitung eingehender Bewerbungsunterlagen vielleicht überhaupt nicht mehr nachkommt. Oder im Extremfall schon längst damit aufgehört hat, sich mit pauschal versandten Initiativbewerbungen näher zu befassen.

Erstaunlicherweise trifft man immer wieder auf Jobsuchende, die eine solche nostalgische Strategie verfolgen und sich zugleich über mangelndes Feedback wundern oder sich sogar bitter-böse beschweren, dass sie ihre Unterlagen nicht mehr zurückerhalten. Obwohl man sie im Vorfeld nicht darum gebeten hat, sich zu bewerben, erwarten diese Arbeitssuchenden maximales Engagement von der Arbeitgeberseite. Nach dem Motto: „Ich selbst mache mir vorab keine Mühe herauszufinden, ob eine Bewerbung erwünscht und damit zielführend ist. Ich gehe nicht das Risiko einer Ablehnung bei einer Kontaktaufnahme ein. Ich versende viel lieber bequem, planlos und aufs Geratewohl meine Unterlagen. Lieber soll sich das Unternehmen den Kopf zerbrechen, ob es etwas Passendes für mich hat oder nicht".

Zudem gibt es Bewerber, die sich öffentlich damit brüsten, sich dutzende (manchmal auch hunderte) Male beworben zu haben und niemals habe sich etwas ergeben. Bestimmt hätten Sie aufgrund Ihres Alters keine Chancen mehr. An ihnen läge es nicht, so rechtfertigen sie sich, schließlich hätten Sie genug Engagement gezeigt. Werden solche Fälle genauer analysiert, offenbart sich meist, dass sich die Betroffenen auf das Erstellen und Versenden von Bewerbungsunterlagen spezialisiert haben: Das effektive Bewerben auf konkrete offene Stellen, die zudem für ihren Lebensabschnitt geeignet sind, funktioniert definitiv anders.

Je länger das Gros der Jobsuchenden noch an althergebrachten Bewerbungsstrategien festhält, desto größer ist Ihr Vorsprung. Sie können unbesorgt davon ausgehen, dass dies auch noch lange so bleiben wird. Die alte Methode, sich initiativ zu bewerben, ist für die meisten zu verführerisch, als dass sie davon ablassen würden. Demnach hält erfahrungsgemäß (trotz Aufklärung) die Mehrzahl Ihrer Mitbewerberinnen und Mitbewerber an bequemen Vorgehensweisen fest. Sie hingegen können ab sofort cleverer agieren:

- **Bevor Sie sich bewerben, nehmen Sie mit den zuvor recherchierten Unternehmen Kontakt auf.**

So unterliegen Sie nicht der Selbsttäuschung, aktiv gewesen zu sein. Stellen Sie selbst sicher, dass Ihre Dokumente Beachtung finden. Sie sollten es ablehnen, das Prinzip ‚Hoffnung' zu verfolgen und vorab überprüfen, ob Ihr Engagement erwünscht ist. Holen Sie sich zunächst das Okay von Arbeitgebern ein. Erhalten Sie zudem den Namen des zuständigen Ansprechpartners, erhöhen Sie die Wahrscheinlichkeit exorbitant, dass Ihre Unterlagen nicht irgendwo im Unternehmen verloren gehen bzw. unberücksichtigt bleiben. Zudem erhalten Sie Insiderinformationen, ob und wann offene Stellen zu besetzen sind.

Selbstverständlich muss ich auch einräumen, dass die Kontaktaufnahme nicht in allen Fällen gelingt. Darüber hinaus müssen Sie damit rechnen, auch an überlastetes Personal zu geraten. Ist die direkte Kommunikation mit zuständigen Mitarbeitern nicht möglich, bleibt Ihnen leider nichts anderes übrig, als sich ausnahmsweise unpersönlich und pauschal zu bewerben. Dennoch sollten Sie grundsätzlich versuchen, diese unvorteilhafte Ausgangssituation zu verhindern. Im Übrigen ist das in mehr Fällen möglich, als Sie derzeit vermuten.

Wenn Sie mit den recherchierten Arbeitgebern Kontakt aufnehmen, haben Sie also folgende Informationen einzuholen:

- **Ob und wann Stellen vakant sind.**
- **Die Namen der zuständigen Ansprechpartner.**

Da Ihnen wahrscheinlich eine große Menge recherchierter Arbeitgeber vorliegt, haben Sie keine Zeit überall großartigen Aufwand zu betreiben. Erst dann, wenn Sie eine freie Stelle entdeckt haben, gibt es einen Anlass sich konzentriert, zeitaufwendig und hochprofessionell zu bewerben. Soweit sind Sie jedoch an dieser Stelle noch nicht. Jetzt gilt es zunächst so effektiv wie möglich zu sein. Einfache und schnelle Kontakttechniken sind deshalb gefragt. Nur auf diese Weise können Sie es schaffen, zahlreiche Arbeitgeber auf verdeckte Positionen ,abzuklopfen'.

Um sich die erwähnten Insiderinformationen zu beschaffen, sind grundsätzlich drei Kommunikationswege möglich:

- **Telefon**
- **E-Mail**
- **Persönliches Gespräch**

Welche Variante am zweckmäßigsten ist, hängt von Ihrer Branche, Ihrer angestrebten Tätigkeit und vor allem von Ihrem Naturell ab. Versuchen Sie dennoch, alle drei Kontaktvarianten anzuwenden. Dann werden Sie schnell herausfinden, welche Art und Weise speziell für Ihre Ausgangssituation am effektivsten ist.

Für alle drei Formen der Kontaktaufnahme werde ich Ihnen jetzt spezifische Vorgehensweisen vorschlagen. Über viele Jahre hinweg habe ich die unterschiedlichsten Kontakttechniken getestet. Ich stelle Ihnen nun die erfolgreichsten vor. Sie erhalten auf den nächsten Seiten telefonische Mustergespräche, E-Mail-Texte und Gesprächsleitfäden. Wir starten mit der telefonischen Variante.

4.2.1. Telefon

Dieser Weg der Kontaktaufnahme ist besonders zu empfehlen, wenn Sie tagsüber nicht berufstätig sind oder grundsätzlich vor- oder nachmittags Zeit haben. Falls Sie derzeit ein bisschen außer Übung sind, empfehle ich für das Telefonieren folgendes:

- Setzen Sie sich eine Mindestanzahl von Telefonaten als Ziel. Sie werden erst nach fünf bis zehn Gesprächen sozusagen ‚warm'.

- Lächeln Sie beim Telefonieren. Das verändert Ihre Stimme positiv.

- Die meisten Menschen sind selbstsicherer, wenn sie während des Telefonats stehen, gehen und/oder geschäftsmäßig gekleidet sind.

- Rechnen Sie damit, dass sie auch auf Inkompetente, Wichtigtuer und Demotivierte treffen.

Darüber hinaus werden Sie auch (gut gemeinte) Tipps zu hören bekommen, man könne beispielsweise ohne das Vorliegen von Bewerbungsunterlagen nichts sagen oder Sie werden von der Arbeitgeberseite über vermeintlich bessere Vorgehensweisen für die Kontaktaufnahme belehrt. Auch hier sollten Sie sich nicht verunsichern lassen, sondern vielmehr triumphierend genießen, dass sich Ihr Gegenüber in diesem Moment schon mit Ihnen auseinandersetzt, ohne sich dessen bewusst zu sein.

Jetzt werden Sie vielleicht einwenden: „Ich soll da einfach so anrufen – störe ich denn da niemanden?" Ja, Sie sollen da einfach so anrufen, schließlich suchen Sie nach Ihrem beruflichen Glück:

- Sie müssen bereit sein, auch ungewohnte Wege zu gehen.

Demgemäß sollten Sie sich zum Telefonieren überwinden. Ich verspreche Ihnen, dass Sie schon nach wenigen Gesprächen Ihre Scheu verlieren. Bereits nach wenigen Wochen werden Sie erkannt haben, dass sich das Ganze mehr als gelohnt hat. Sie müssen sich lediglich einer einzigen Herausforderung stellen:

- Sie haben eine bestimmte Quote positiver und vergeblicher Anrufe zu akzeptieren.

Im Extremfall können bis zu 90 Prozent aller Ihrer Telefonate erfolglos sein, das heißt, Sie erreichen niemanden, erhalten den Namen Ihres direkten Ansprechpartners nicht oder eine Bewerbung Ihrerseits ist nicht erwünscht. Der Umkehrschluss gilt aber auch:

- Bei mindestens zehn Prozent aller Anrufe entdecken Sie eine offene Stelle, erhalten die wertvolle Zusage für eine Bewerbung oder erfahren den Namen Ihres Ansprechpartners.

Es ist die Sichtweise, die über Ihren Erfolg entscheidet: Nehmen Sie sich vor, zehn Anrufe in Folge zu tätigen, dann werden Sie mindestens einmal eine hochwertige Information erhalten. Das ist dann Ihr Treffer, den Sie gelandet haben! Es ist ausschließlich eine Frage der Quote. Akzeptieren Sie bitte diese Tatsache. Wenn Sie dann mit dem Finden einer verdeckten Stelle oder einer einzigartigen Karrierechance belohnt werden, haben sich alle bisherigen vergeblichen Anrufe schlagartig rentiert.

Im Übrigen werden Sie häufig mit untergeordneten Mitarbeitern Ihres eigentlichen Ansprechpartners telefonieren. Sie werden überrascht sein, wie oft man sich mit Ihnen solidarisch zeigt. In solchen Situationen sollten Sie besonders gut zuhören. Nicht selten gibt es wertvolle Tipps, sozusagen von Arbeitnehmer/in zu Arbeitnehmer/in. Sie erhalten dann einzigartige Auskünfte über geplante Einstellungen, betriebliche Abläufe oder sonstige interessante Interna („Von mir haben Sie es nicht gehört, aber ich weiß, dass ......"). Dies ist der gerechte Lohn für Ihre Bemühungen.

Leider stellen sich viele Bewerberinnen und Bewerber das Telefonieren schwieriger vor, als es tatsächlich ist. Selbst Profis die es gewohnt sind, tagtäglich zu telefonieren, laufen immer wieder Gefahr, Ihr Gegenüber mit zu viel Text zu überfordern. Aus diesem Grund gebe ich Ihnen jetzt einige Musterformulierungen vor. Es sind getestete Gesprächsleitfäden, die über Jahre hinweg kontinuierlich von mir optimiert wurden.

Im Übrigen lege ich meinen Schwerpunkt auf den Gesprächsbeginn. Ist das Telefonat erst einmal professionell gestartet, läuft alles Weitere wie von selbst.

Bei den folgenden telefonischen Mustergesprächen unterscheide ich drei Varianten. Dies ist notwendig, weil während der zuvor durchgeführten Recherchearbeit oft unterschiedliche Ausgangssituationen entstehen.

Situation 1: Ihnen liegt vom Arbeitgeber lediglich eine allgemeingültige Telefonnummer vor

Sie streben zwar in erster Linie die Nennung einer zuständigen Person und das Okay für Ihre Bewerbung an, allerdings ist es wichtig, gleich das gewünschte Einsatzgebiet mit anzugeben. In vielen Unternehmen gibt es dafür unterschiedliche Ansprechpartner. Nennen Sie von Anfang an das gewünschte Berufsfeld, so weiß Ihr Gesprächspartner (oft die Zentrale), an wen er Sie weiterverbinden kann.

Sie können dabei einen klar definierten Berufsabschluss (z.B. Arzthelferin) oder eine Tätigkeitsbandbreite (z.B. Führungsaufgabe im Bereich Rechnungswesen) nennen. Für welche Variante Sie sich entscheiden, bestimmt die Eindeutigkeit Ihrer Berufsbezeichnung und das gewünschte Aufgabengebiet. Demnach müssen Sie den nun folgenden Gesprächsleitfaden nur noch hinsichtlich Ihrer Ausgangssituation leicht modifizieren.

Sie haben nun die Nummer gewählt und es meldet sich jemand:

„Schönen guten Tag, mein Name ist .... Ich möchte mich gerne als .... (alternativ: für den Bereich ....) bei Ihrem Unternehmen bewerben. Können Sie mich bitte weiter verbinden?"

Wenn Sie dann verbunden sind:

„Schönen guten Tag, mein Name ist .... Ich möchte mich gerne als .... (alternativ: für den Bereich ....) bei Ihnen bewerben. Wäre dies momentan sinnvoll?"

Falls Sie ein „Ja" oder Ähnliches hören, geht es weiter:

„Sind Sie selbst mein direkter Ansprechpartner?"
„Wünschen Sie meine Bewerbungsunterlagen per Post oder E-Mail?"
„Wie ist bitte die korrekte Schreibweise Ihres Namens?"
„Haben Sie bezüglich meiner Unterlagen besondere Wünsche?"

Falls sich eine Plauderei entwickeln sollte, bieten sich weitere Fragen an:

"Ich stehe in meinem .... Lebensjahr. Denken Sie, dass ich dennoch aussichtsreiche Perspektiven in Ihrem Unternehmen habe?"

„Könnten Sie vielleicht noch die wichtigsten Anforderungen für die erwähnte freie Stelle nennen?"

„Gibt es neben meinem gewünschten Bereich noch weitere Stellen zu besetzen?"

„Welche spezifischen Kenntnisse und Fähigkeiten müsste ich Ihrer Meinung nach unbedingt mitbringen?"

„Haben Sie für mich noch einen grundsätzlichen Tipp?"

„Welche Tätigkeitsbereiche haben aus Ihrer Sicht die besten Karriereaussichten?"

"Herzlichen Dank für das informative (alternativ: angenehme) Gespräch. Ich wünsche Ihnen noch einen schönen Tag."

Falls Sie ein „Nein" hören oder zuvor nicht verbunden werden:

„Darf ich Ihnen noch eine letzte Frage stellen? Haben Sie vielleicht einen Tipp für mich, bei welchem weiteren Unternehmen ich noch anfragen könnte?"

"Wäre es eventuell sinnvoll, sich zu einem späteren Zeitpunkt wieder zu melden?"

Im Übrigen gibt es Jobsuchende, die so selbstverständlich mit Ihrem Lebensalter umgehen, dass Sie recht schnell darauf zu sprechen kommen. Ich empfehle Ihnen, dies auch zu versuchen. Zumindest bei Telefonaten, die sich zu einer angenehmen Plauderei entwickeln.

Mit der Empfehlung, Ihr Lebensalter mutig zu thematisieren, habe ich in meinen Workshops sehr gute Erfahrungen machen können. Sicher werden Sie damit manchmal Ihre Quote zwischen der Anzahl von Telefonaten und der Menge aller Zusagen für Ihre Bewerbung verschlechtern. Dennoch gibt es am anderen Ende der Leitung immer wieder Personen, die darauf besonders gut anspringen. Oft entwickeln sich solche Gespräche dann sehr erfolgreich. Zudem trennen Sie frühzeitig die Spreu vom Weizen. Sie stellen sicher, dass Sie sich nur bei solchen Arbeitgebern bewerben, bei denen Ihr Lebensalter nicht gleich ein Ausschlusskriterium bedeutet. Und wie gesagt, unterschätzen Sie die Solidarität von Mitarbeitern nicht. Auch Entscheidungsträger sind letztendlich Arbeitnehmer. Haben Sie zudem das Glück, mit einem Gleichaltrigen zu sprechen, ergibt sich sowieso ein positives Gespräch. Ich habe mehrmals erlebt, dass allein diese Konstellation ausreichte, um einen interessanten Job zu ergattern.

Sie sollten im Übrigen von dem Anspruch Abstand nehmen, mit allen Personen erfolgreich kommunizieren zu müssen. Dies ist nicht nur unrealistisch, sondern auch überhaupt nicht notwendig:

- **Bei einer Erfolgsquote von zirka 10 Prozent können Sie bei 200 Arbeitgebern etwa zwanzig ‚Treffer' landen.**

Es gibt Jobsuchende, die schon aus dem Häuschen sind, wenn Sie eine einzige verdeckte Stelle finden, von der andere Bewerberinnen und Bewerber nichts wissen. Sie werden ein Vielfaches davon erreichen und so durch kontinuierliches Telefonieren Ihre Jobsuche erfolgreich gestalten.

Gehen wir nun weiter zur nächstmöglichen Konstellation.

Situation 2: Ihnen wurde ein Ansprechpartner namentlich empfohlen

Sie haben in diesem Fall über Dritte einen Ansprechpartner genannt bekommen. Beispielsweise durch einen Bekannten, durch einen Kontakt auf einer Messe oder durch eine sonstige Begebenheit. So kennen Sie einen Namen und können sich zugleich auf eine Referenz beziehen.

Viele Jobsuchende versenden bereits jetzt ihre Bewerbungsunterlagen. Sie hingegen sollten diesen Fehler nicht begehen. Sie müssen damit rechnen, dass sich der genannte Ansprechpartner zwischenzeitlich geändert hat oder die Angaben fehlerhaft sind. Darüber hinaus liegen Ihnen auch hier noch keine Informationen aus erster Hand vor, ob und zu welchem Zeitpunkt eine Bewerbung sinnvoll ist.

Verzichten Sie bitte nie darauf, zumindest zu versuchen, mit derjenigen Person ein paar Worte zu wechseln, die letztendlich Ihre Bewerbungsunterlagen erhält. Sie bewahren sich so nicht nur die Chance entscheidende Informationen zu erhalten, sondern wecken zudem mehr Interesse auf der

Gegenseite. Sie sind dann nicht mehr eine oder einer unter vielen Bewerbern. Des Weiteren können Sie später schon in der Betreffzeile Ihres Anschreibens (oder Ihrer E-Mail) auf ein geführtes Telefonat verweisen. Das fördert zusätzlich die Bereitschaft, sich mit Ihren im Anschluss übermittelten Bewerbungsunterlagen näher zu beschäftigen.

Das Telefonat beginnt: Sie sind im Besitz eines Namens und können Ihren Ansprechpartner direkt verlangen:

„Schönen guten Tag, mein Name ist .... Ich möchte bitte Frau Sabine Muster sprechen."

Es im Übrigen nicht erforderlich, einer Telefonzentrale oder irgendeinem zuarbeitenden Beschäftigten gleich auf die Nase zu binden, woher Sie den Namen haben. Falls dies doch von Interesse sein sollte, wird man sich schon melden. Dann bietet sich Folgendes an:

„Ich möchte mich gerne bei Ihrem Unternehmen bewerben. Frau Muster wurde mir von Herrn/Frau XY als meine zuständige Ansprechpartnerin genannt."

Wenn Sie endlich verbunden sind:

„Schönen guten Tag Frau Muster, mein Name ist .... Schön, dass ich Sie gleich erreiche. Herr/Frau XY war so freundlich, mir Ihren Namen zu nennen. Ich würde mich sehr gerne bei Ihnen als .... (alternativ: für den Bereich ....) bewerben. Wäre dies momentan sinnvoll?"

Alles Weitere wie Situation 1 ...

In dieser Situation werden Sie eine deutlich höhere Erfolgsquote erzielen. Können Sie sich auf Dritte beziehen, ist man eher bereit, Ihnen wertvolle Auskünfte zu erteilen. Das erhöht Ihre Effektivität deutlich.

Situation 3: Sie haben den Namen des Ansprechpartners lediglich recherchiert

Sie haben bei der Recherche einen Namen im Internet, in einem ‚unpassenden Stelleninserat' oder anderswo entdeckt. Ihnen liegt zwar ein möglicher Ansprechpartner vor, Referenzen können Sie aber nicht nennen.

Auch hier gibt es keinen Anlass, auf die Kontaktaufnahme zu verzichten. Die Zuständigkeit könnte sich zwischenzeitlich geändert haben oder recherchierte Daten fehlerhaft sein. Zudem liegt Ihnen auch in diesem Fall keine Zusage aus erster Hand für Ihre Bewerbung vor. Das gilt ebenso für den richtigen Bewerbungszeitpunkt.

Sie haben nun eine allgemeingültige Nummer gewählt: Setzen Sie zunächst voraus, dass der Name stimmt und fragen wieder selbstbewusst nach dem recherchierten Ansprechpartner:

> *„Schönen guten Tag, mein Name ist .... Ich möchte bitte Frau Sabine Muster sprechen."*

Falls nach dem Anlass gefragt wird:

> *„Ich möchte mich gerne bei Ihrem Unternehmen bewerben. Frau Muster müsste meine richtige Ansprechpartnerin sein."*

Wenn Sie dann verbunden sind, müssen Sie auch in diesem Fall Ihrem Ansprechpartner nicht gleich mitteilen, woher Sie seinen Namen haben. Das würde den Text unnötig verlängern. Aber auch hier gilt: Falls er sich dafür interessiert, können Sie ihm immer noch erklären, woher Sie den Namen haben:

> *„Schönen guten Tag Frau Muster, mein Name ist .... Schön, dass ich Sie gleich erreiche. Ich würde mich sehr gerne bei Ihnen als .... (alternativ: für den Bereich ....) bewerben. Wäre dies momentan sinnvoll?"*

Alles Weitere wie Situation 1 ...

Falls Sie sich unsicher fühlen sollten, können Sie diese Seiten neben das Telefon legen und anfänglich davon ablesen. Ich versichere Ihnen, dies wird Ihrem Gesprächspartner nicht weiter auffallen. Alternativ können Sie auch folgendes tun:

- **Erstellen Sie sich einen Spickzettel auf einem separaten Blatt und lesen Sie davon ab.**

Schon nach wenigen Telefonaten werden Sie Ihren Spickzettel nicht mehr benötigen. Selbstverständlich können Sie auch die bisher vorgestellten Texte auf Ihren natürlichen Sprachgebrauch und Ihre spezifische Situation hin leicht modifizieren. Ich empfehle Ihnen jedoch, unbedingt darauf zu achten, die Einfachheit und Kürze beizubehalten.

Wahrscheinlich werden viele Leserinnen und Leser die vorgestellten Texte als zu wenig anspruchsvoll empfinden oder sogar als banal. Mir ist durchaus bewusst, dass insbesondere gestandene Persönlichkeiten den Wunsch haben, komplexer zu kommunizieren. Ich rate Ihnen davon ab! Unterschätzen Sie die Wirkung von einfachen Satzstrukturen nicht. Die Textvorlagen sind das Ergebnis jahrelanger Erfahrungen. Simple und fast trivial wirkende Sätze haben bisher die besten Erfolgsquoten erzielt.

Darüber hinaus haben Sie sicher bemerkt, dass immer wieder ähnliche Formulierungen verwendet werden. Die Texte unterscheiden sich nur unwesentlich. Diese Tatsache ist sehr wichtig für Sie. Es ist ein weiteres maßgebliches Kriterium für erfolgreiche Erstgespräche. Falls Sie sich daran halten, konsequent die gleichen Textmodule einzusetzen, werden Sie etwas sehr Erstaunliches erleben:

- **Wenn Sie immer wieder die gleichen Formulierungen verwenden, werden Sie immer wieder mit den selben Gegenfragen und Reaktionen konfrontiert.**

Sicher ist so mancher verwundert über diese Behauptung. Machen Sie selbst Ihre Erfahrung. Sie werden mir danach zustimmen, dass sich der Einfallsreichtum Ihres Gegenübers bezüglich möglicher Reaktionen in einer übersichtlichen Bandbreite bewegt. Nach nur wenigen Tagen des Telefonierens werden Sie, trotz unterschiedlicher Gesprächspartner, den Verlauf des Telefonats schon im Voraus erahnen können. Mögliche Argumente werden Sie dann aus dem Handgelenk schütteln. Eine deutliche Erhöhung Ihrer Souveränität und vor allem Ihrer Spontanität wird die Folge sein. So verbessert sich Ihre Erfolgsquote rasant.

Im Übrigen müssen Sie Ihre erhaltenen Informationen dokumentieren. Sie werden bemerken, dass Sie bereits nach wenigen Gesprächen Gefahr laufen, einige Auskünfte miteinander zu verwechseln. Schnell weiß man nicht mehr, welche Gesprächspartner was gesagt haben und mit wem man welche Vereinbarungen getroffen hat. Deshalb sehen Sie im Folgenden ein Musterformular, das Sie während dem Telefonieren einsetzen können.

Wiedervorlage am: ....   Datum: ....

Firmenbezeichnung: ....

Abteilung: ....

Straße, PLZ, Ort: ....

Telefon-Nummer: ....

Gesprochen mit: Herr/Frau ....

Zuständiger Ansprechpartner: Herr/Frau ....

Telefon-Durchwahl: ....

Direkte E-Mail-Adresse: ....

Bewerbung per E-Mail oder Post? ....

Gesprächsinhalt:

....
....
....
....
....
....
....
....

Anforderungen/Beschreibung der zu besetzenden Position:

....
....
....
....
....
....
....
....

4.2.2. E-Mail

Falls Sie nicht genügend Zeit zum Telefonieren haben, können Sie auch E-Mails einsetzen. Beachten Sie jedoch, dass es Branchen und Tätigkeitsbereiche gibt (z.B. Soziales, Handwerk, Einzelhandel), in denen die persönliche Kommunikation dem Austausch per E-Mail vorgezogen wird.

Grundsätzlich müssen Sie bei E-Mails das gleiche Grundmuster wie beim Telefonieren anwenden. Es gilt jedoch, einer Versuchung zu widerstehen. E-Mails verleiten schnell dazu, zu viel zu schreiben. Manche verspüren sogar den Drang, sofort Bewerbungsunterlagen mit anzuhängen. Widerstehen Sie bitte dieser Versuchung. Wie gesagt, Sie sind noch nicht in der Bewerbungsphase. Zumindest für den allerersten Kontakt rate ich Ihnen dringend, weiterhin bei der minimalistischen Vorgehensweise zu bleiben. Bedenken Sie bitte, dass Sie aus der Sicht des Empfängers eine fremde Person sind. Die Beschäftigten, die Ihre Nachrichten lesen, haben nicht nur einen Arbeitsalltag zu meistern, sondern sie werden wahrscheinlich tagtäglich mit unzähligen E-Mails bombardiert. Sicher wird man nicht begeistert sein, zu lange Nachrichten von unbekannten Absendern sichten zu müssen.

Zudem liegen Ihnen aus der Recherchephase manchmal nur allgemeingültige „info@-Adressen" vor. Vielleicht haben Sie diese aus dem Impressum einer Homepage eines Unternehmens entnommen. Rechnen Sie damit, dass unter solchen E-Mail-Adressen täglich hunderte (meist unnötige) Nachrichten eingehen.

Machen Sie es den Mitarbeitern, die eine Masse von E-Mails abzuarbeiten haben, so einfach wie möglich. Wenn Sie maximal zwei bis drei eindeutige Sätze verwenden, stellen Sie sicher, dass Ihr Gegenüber innerhalb von Sekunden entscheiden kann, ob er Ihre Nachricht an den für Sie zuständigen Ansprechpartner weiterleiten oder Ihnen sofort dessen Namen nennen möchte. Dies sind schließlich Ihre wichtigsten Ziele beim ersten Kontakt.

Erst, wenn Sie sicher sind, mit der richtigen Frau oder dem richtigen Mann zu kommunizieren, können Sie immer noch weiterführende Angaben machen oder eine komplexere Sprache verwenden.

■ **Sie halten sich mit Ihrem Wunsch „Ich will mich jetzt aber bewerben"**
solange zurück, bis Sie den Namen des für Sie zuständigen
Mitarbeiters oder Entscheidungsträgers kennen.

Erst dann gibt es einen Anlass, hochkonzentriert Ihre Bewerbungsphase zu starten. Nichts ist so uneffektiv, wie mit den falschen Leuten zu sprechen. Grundsätzlich haben Sie auch bei Ihren Erstanfragen per E-Mail eine bestimmte Quote zu akzeptieren:

■ **Bei mindestens 5-10 Prozent aller Anfragen werden Sie Ihr**
gewünschtes Okay für eine Bewerbung erhalten.

Im Übrigen stellen E-Mails von unbekannten Absendern ein Virenrisiko dar. Solche E-Mails werden von EDV-Systemen der Arbeitgeberseite manchmal blockiert bzw. gelöscht. Hängen Sie deshalb an Ihre erste E-Mail niemals eine Datei an. Zudem sollten Sie folgendes beachten:

■ **Aktivieren Sie bei Ihrem E-Mail-Anbieter die Funktion „Signatur".**
Durch den angehängten Absenderblock wirken Ihre E-Mails nicht zu
anonym.

Ich schlage Ihnen jetzt wieder einige konkrete Formulierungen für Ihre Erstanfragen vor. Um Wiederholungen zu vermeiden, werde ich die nun folgenden Vorschläge nicht weiter kommentieren. Die jeweils zugrunde liegenden Bedingungen sind mit denen des Telefonierens identisch.

Auch der Textinhalt wird Ihnen bekannt vorkommen. Das Prinzip, immer wieder ähnliche Formulierungen zu verwenden, wird auch hier konsequent beibehalten. Es wird mit der bereits bekannten ersten Situation gestartet:

Situation 1: Ihnen liegt vom Arbeitgeber lediglich eine
allgemeingültige E-Mail-Adresse vor

Sehr geehrte Damen und Herren,

gerne würde ich mich bei Ihrem Unternehmen als .... (alternativ: für den Bereich ....) bewerben. Wäre dies momentan sinnvoll und könnten Sie mir gegebenenfalls einen Ansprechpartner nennen? Herzlichen Dank im Voraus.

Mit freundlichen Grüßen

Max Musterfrau

Situation 2: Ihnen wurde ein Ansprechpartner inklusive E-Mail-Adresse namentlich empfohlen

Sehr geehrte Frau Muster,

Frau XY war so freundlich, mir Ihren Namen zu nennen. Sie hat mir empfohlen, mich vertrauensvoll an Sie zu wenden. Sehr gerne würde ich mich bei Ihnen als .... (alternativ: für den Bereich ....) bewerben. Wäre dies momentan sinnvoll und falls ja, welche weitere Vorgehensweise bevorzugen Sie?

Mit freundlichen Grüßen

Max Musterfrau

Situation 3: Sie haben den Namen des Ansprechpartners inklusive E-Mail-Adresse lediglich recherchiert

Sehr geehrte Frau Muster,

sehr gerne würde ich mich bei Ihnen als .... (alternativ: für den Bereich ....) bewerben.

Wäre das momentan sinnvoll und falls ja, welche weitere Vorgehensweise bevorzugen Sie?

Mit freundlichen Grüßen

Max Musterfrau

Textmodule für den sich anschließenden E-Mail-Verkehr

Ein Nachteil von E-Mails ist die fehlende persönliche Komponente. Des Weiteren erhalten Sie vom Gegenüber nur häppchenweise wichtige Informationen. Das ist allerdings nicht weiter tragisch. Durch den Austausch mehrerer Nachrichten können Sie dieses Manko kompensieren. Sie sollten daher immer das Ziel verfolgen, mehrere E-Mails mit der zuständigen Person auszutauschen. Dies ist ein zusätzliches Argument für knappe Texte. Falls Sie sich entsprechend kurz halten, entstehen nicht nur automatisch Rückfragen, sondern Sie wecken zudem Neugierde.

> ■ **Je öfter Sie Nachrichten mit einer Person wechseln, umso höher ist die Wahrscheinlichkeit, dass man sich nachhaltig an Sie erinnert.**

Nachdem Sie ein erstes Feedback auf Ihre Erstanfragen erhalten haben, können Sie für den sich anschließenden E-Mail-Verkehr folgende (teilweise bekannte) Formulierungen einsetzen:

... herzlichen Dank für das schnelle Feedback. Sind für meine Bewerbungsunterlagen spezielle Vorgaben Ihrerseits zu beachten?

... zunächst danke schön für die freundlichen Worte. Wünschen Sie meine Bewerbungsunterlagen per Post oder per E-Mail?

... zunächst herzlichen Dank für die Nennung meines Ansprechpartners. Ich werde meine Unterlagen schnellstmöglich per E-Mail senden. Könnten Sie mir bitte noch die E-Mail-Adresse von Frau/Herrn .... nennen?

... zunächst danke schön für die prompte Antwort und die Nennung des zuständigen Ansprechpartners. Gerne werde ich Frau (Herrn) .... meine Unterlagen zukommen lassen. Ist Frau (Herr) .... telefonisch erreichbar?

Ich bin .... alt. Denken Sie, dass ich trotz meines Lebensalters noch aussichtsreiche Perspektiven in Ihrem Unternehmen habe?

... herzlichen Dank für Ihre Antwort. Ist es sinnvoll, sich zu einem späteren Zeitpunkt wieder zu melden?

... dennoch herzlichen Dank für die Information. Darf ich Ihnen noch eine letzte Frage stellen? Haben Sie vielleicht einen Tipp für mich, bei welchen Unternehmen ich noch anfragen könnte?

Im Übrigen ist der Kommunikationsweg per E-Mail sehr zeitsparend. Sie können an einem Vormittag sicher drei- bis viermal so viele Erstanfragen durchführen wie bei der telefonischen Variante. Das Ganze relativiert sich allerdings recht schnell, da die Erfolgsquote erfahrungsgemäß geringer ausfällt.

Der Grund hierfür ist, dass manche Mitarbeiter auf der Empfängerseite zeitlich überlastet sind und aus diesem Grund nicht bereit sind, sich kurz Gedanken zu machen, wer zuständig sein könnte. Andere haben einfach keine Lust, sich intern zu erkundigen, ob und wann Ihre Bewerbung sinnvoll wäre. Man reagiert dann auf Ihre Anfragen überhaupt nicht. Im Fall von E-Mails ist dies natürlich besonders einfach möglich. Das sind dann diejenigen Feedbacks, auf die Sie vergeblich warten.

- **20-50 Prozent Ihrer Anfragen werden völlig unbeantwortet bleiben.**

Auch darüber können Sie gelassen hinwegsehen. Waren Sie bei der Recherchearbeit entsprechend fleißig, können Sie genug Anfragen versenden. Die dadurch erhaltenen Insiderinformationen (bei 5-10 Prozent aller Anfragen) sind mehr als ausreichend, um Ihr neues berufliches Glück starten zu können. Vielleicht sind Sie ja zu einem späteren Zeitpunkt wieder bereit, diejenigen Erstanfragen, auf die Sie keine Reaktion erhalten haben, erneut zu versenden. Auch Arbeitgebern sollte man eine zweite Chance geben.

Summa summarum liegt auch bei der Kontaktaufnahme per E-Mail der Schlüssel für den Erfolg in der Einfachheit der Sprache sowie der nüchternen Akzeptanz einer bestimmten Erfolgsquote. Ist Ihre Schlagzahl hoch genug, wird Ihnen für eine erfolgreiche Jobsuche schon ein geringer Prozentsatz positiver Feedbacks genügen. Allerdings gibt es auch Situationen, in denen eine persönliche Ansprache am sinnvollsten ist, um sich das Okay für die Bewerbung einholen zu können. Dazu jetzt mehr.

4.2.3. Persönliches Gespräch

Eine hervorragende Gelegenheit für eine persönliche Kontaktaufnahme sind Messen oder sonstige Anlässe, bei welchen Sie auf Mitarbeiter und Führungskräfte von Unternehmen stoßen. Darüber hinaus können Sie auch beim Arbeitgeber vor Ort zuständige Ansprechpartner oder freie Stellen erfragen.

Leider ist diese persönliche Variante auch die zeitintensivste. Wie ich bereits sagte, müssen Sie grundsätzlich auf die zeitliche Effektivität Ihres Engagements achten. Schließlich möchten Sie so viele Arbeitgeber wie möglich ‚abarbeiten'. Demnach sollten Sie die persönliche Variante nur dann anwenden, wenn Sie die Chance haben, auf engstem Raum so viele Arbeitgeber wie möglich anzutreffen. Vergessen Sie bitte auch hier nicht, dass Sie sich an dieser Stelle Ihrer Bemühungen noch nicht in der Bewerbungsphase befinden. Es ist nicht erforderlich, sich im Übermaß ‚zu verkaufen‘, voreilig die Zusage für einen neuen Job anzustreben oder sich sogar anzubiedern. Sie möchten lediglich verdeckte Positionen aufspüren oder Namen von Ansprechpartnern herausfinden.

- **Sie müssen unbekannten Menschen lediglich zwei bis drei kurze Fragen stellen – nichts weiter.**

Es kostet Sie vielleicht etwas Überwindung, aber es gibt keinen Anlass sich unnötig unter Druck zu setzen, nervös zu sein oder sich die ganze Sache komplizierter vorzustellen als sie ist. Im Allgemeinen werden Sie es mit freundlichen Leuten zu tun haben.

- **Es ist in erster Linie nicht entscheidend, wie gut oder auf welche Weise Sie dies alles machen, sondern es geht darum, dass Sie es überhaupt tun.**

Falls Sie neben Messen oder ähnlichen Veranstaltungen auch Unternehmen vor Ort besuchen möchten, gibt es eine Grundregel, um zu klären ob dies tatsächlich sinnvoll ist:

- **Je mehr fremde Personen bei Unternehmen ständig ein- und ausgehen (z.B. Kunden, etc.), umso eher ist die Kontaktvariante durch einen unangekündigten Besuch geeignet.**

Streben Sie hingegen eine Branche an, in der Kunden eher selten spontan aufkreuzen, sollten Sie diese Arbeitgeber nur im Rahmen von Messen und bei ähnlich gelagerten Anlässen persönlich ansprechen.

Obwohl Sie aufgrund Ihrer umfangreichen Lebenserfahrungen sicher keine Tipps benötigen, wie man fremden Personen zwei bis drei simple Fragen stellt, mache ich dennoch immer wieder die Erfahrung, dass einige ‚alte Hasen‘ einen viel zu großen Aufwand betreiben. Deshalb stelle ich Ihnen wieder einige Formulierungen für die Erstanfrage vor. Diese sollen Sie daran erinnern, sich auf eine einfache Kommunikationsform zu reduzieren.

- *„Ihr Unternehmen macht auf mich einen hochinteressanten Eindruck. Wie kann ich nähere Informationen erhalten?"*

- *„Ich suche eine Tätigkeit als .... und würde mich sehr gerne bei Ihrem*

Unternehmen bewerben. Denken Sie, dass dies momentan sinnvoll ist und können Sie mir gegebenenfalls einen Ansprechpartner nennen?"

„Ich bin .... von Beruf und suche gerade einen neuen Job im Bereich .... Denken Sie, dass es momentan sinnvoll ist, sich auch bei Ihrem Unternehmen zu bewerben?"

„Wie kann ich herausfinden, wer in Ihrem Haus für mich zuständig ist?"

„Zu welcher Vorgehensweise würden Sie bei einer Bewerbung raten?"

„Denken Sie, dass es trotz meines Alters Perspektiven bei Ihnen geben könnte?"

„Haben Sie vielleicht eine Idee, welche weiteren Unternehmen für mich interessant sind?"

„Ich möchte mich sehr herzlich für das Gespräch bedanken. Haben Sie vielleicht eine Visitenkarte für mich?"

„Vielen Dank für das Gespräch. Das hat mir sehr weitergeholfen. Falls ich noch Fragen habe, darf ich Sie nochmals kontaktieren? Bevorzugen Sie E-Mail oder eher Telefon?"

„Das Gespräch war für mich sehr interessant. Darf ich wieder auf Sie zukommen, falls ich noch Fragen habe?"

„Die Informationen haben mir sehr weitergeholfen. Haben Sie vielleicht eine Infobroschüre oder Ähnliches für mich? Sind darin Ihre Kontaktdaten enthalten?"

Haben Sie ruhig den Mut, sich nur auf die Eingangsfragen zu konzentrieren, um sich im Anschluss dem weiteren Gesprächsverlauf hinzugeben. Je mehr Ihr Gegenüber redet und je weniger Sie sprechen, umso informativer und einfacher ist für Sie die Unterhaltung.

Falls Sie es derzeit nicht gewohnt sind, unbekannte Menschen anzusprechen, können Sie auch hier durchaus einen Spickzettel verwenden. In unbeobachteten Augenblicken können Sie dann immer mal wieder einen Blick darauf werfen. Auf der nächsten Seite sehen Sie eine Kopiervorlage: Sie können diese auf A4 vergrößern, mit eigenen Formulierungen ergänzen und zum entsprechenden Anlass einfach mitnehmen.

Lächeln und in die Augen schauen
Aufrechte Körperhaltung
Erst dann die Hand geben, wenn Sie angeboten wird
Keine übertriebene Höflichkeit oder gar Unterwürfigkeit
Gesprächspartner aussprechen lassen
Visitenkarte, Telefonnummer oder E-Mail-Adresse mitnehmen
Gesprächspunkte notieren (Rückseite Visitenkarte)

„Ich suche eine Tätigkeit als .... und würde mich sehr gerne bei Ihrem Unternehmen bewerben. Denken Sie, dass dies momentan sinnvoll ist und können Sie mir gegebenenfalls einen Ansprechpartner nennen?"

„Ihr Unternehmen macht auf mich einen hochinteressanten Eindruck. Wie kann ich nähere Informationen erhalten?"

„Ich bin .... von Beruf und suche gerade einen neuen Job im Bereich .... Denken Sie, dass es momentan sinnvoll ist, sich auch bei Ihrem Unternehmen zu bewerben?"

„Wie kann ich herausfinden, wer in Ihrem Haus für mich zuständig ist?"

„Zu welcher Vorgehensweise würden Sie bei einer Bewerbung raten?"

„Denken Sie, dass es trotz meines Alters Perspektiven bei Ihnen geben könnte?"

„Haben Sie vielleicht eine Idee, welche weiteren Unternehmen für mich interessant sein könnten?"

„Ich möchte mich sehr herzlich für das Gespräch bedanken. Haben Sie vielleicht eine Visitenkarte für mich?"

„Vielen Dank für das Gespräch. Das hat mir sehr weitergeholfen. Falls ich noch Fragen habe, darf ich Sie nochmals kontaktieren? Bevorzugen Sie E-Mail oder eher Telefon?"

„Das Gespräch war für mich sehr interessant. Darf ich wieder auf Sie zukommen, falls ich noch Fragen hätte?"

„Die Informationen haben mir sehr weitergeholfen. Haben Sie vielleicht eine Infobroschüre oder Ähnliches für mich? Sind darin Ihre Kontaktdaten enthalten?"

Fragen, die ich zusätzlich stellen möchte:

....
....
....
....
....
....
....
....
....
....
....
....
....
....
....
....
....
....
....
....
....

Insbesondere beim Besuch von Messen oder im Rahmen unangekündigter Besuche bei Arbeitgebern kann es zweckmäßig sein, einige Bewerbungsmappen mitzuführen, um diese gegebenenfalls zuarbeitenden Mitarbeitern zu überreichen. Allerdings stellt sich diese Vorgehensweise als eine Gratwanderung dar. Diese Strategie empfehle ich Ihnen nur dann, wenn Sie sich absolut sicher sind, dass Ihre Unterlagen ordnungsgemäß weitergeleitet werden. Im Zweifelsfall lassen Sie sich lieber den Namen (bzw. Telefonnummer oder E-Mail-Adresse) des zuständigen Ansprechpartners nennen und versuchen dann später direkt mit ihm Kontakt aufzunehmen.

Grundsätzlich trennen Sie die beiden Aktionen ‚Kontaktaufnahme' und ‚Übergabe der Bewerbungsunterlagen' voneinander. So haben Sie immer einen guten Anlass mit der richtigen Frau oder dem richtigen Mann mehrmals zu kommunizieren. Wie gesagt: Je öfter Sie mit einer Person sprechen, desto höher ist die Wahrscheinlichkeit, dass Sie einen bleibenden Eindruck hinterlassen und man sich wieder an Sie erinnert.

4.2.4. Zusammenfassung

In dieser zweiten Phase Ihrer Jobsuche, der Kontaktaufnahme, laufen die Texte und Gesprächsleitfäden (Telefon, E-Mail oder persönlich) immer auf zwei grundlegende Formulierungen hinaus:

1. **Ist eine Bewerbung in meinem Bereich sinnvoll?**
2. **Wer ist mein Ansprechpartner?**

Diese zwei simplen Fragen werden dazu führen, dass Sie sozusagen als Nebeneffekt, nahezu automatisch, verdeckte Stellen aufspüren.

Im Übrigen sollten Sie sorgfältig abwägen, ob Sie sich schon beim Erstkontakt auf eine eng umrissene Tätigkeit festlegen. Besser wäre, falls möglich, eine Bandbreite an Aufgaben zu nennen. Es wäre nicht das erste Mal, dass ein interessanter Vorschlag von der Arbeitgeberseite genannt wird, auf den Sie im Vorfeld nie gekommen wären.

Über alledem haben Sie sicher bemerkt, dass Sie niemals direkt nach einer offenen Position fragen. Ebenso verlieren Sie in den Eingangsfragestellungen kein Wort darüber, welche Kenntnisse und Fähigkeiten Sie im

Speziellen zu bieten haben. Das hat seinen berechtigten Grund:

■ **Bringen Sie den Mut auf, Neugierde zu schüren.**

Wenn Sie vermeintlich wichtige Informationen ein wenig zurückhalten, können Sie darauf wetten, dass Ihr Gesprächspartner Sie früher oder später darauf ansprechen wird. Dann können Sie (innerlich triumphierend, dass die erwünschte Gegenfrage tatsächlich gekommen ist) gelassen über Ihre Berufserfahrungen sprechen. Dies wird Ihnen im Übrigen sehr leicht fallen, schließlich werden Sie sich zu diesem Zeitpunkt damit schon intensiv beschäftigt haben. Durch die Bearbeitung des Kapitels „Selbstdarstellung verbessern" sind Sie sich Ihrer wertvollen Berufserfahrungen bewusst geworden. Zudem werden Sie sich anschließend die Mühe gemacht haben, die Ergebnisse Ihrer Selbst-Analyse schriftlich in Ihren Bewerbungsunterlagen zu dokumentieren. Die erfolgreiche Bewältigung dieser beiden Fleißaufgaben garantiert Ihnen sozusagen, später alles im Kopf zu haben. So werden Sie jederzeit in der Lage sein, über alle Ihre Kernkompetenzen, Stärken und sonstigen Vorteile selbstsicher und spontan sprechen können.

Summa summarum möchte ich Sie nochmals an die Quotenrechnung erinnern: Selbstverständlich werden Sie bei allen drei Kontaktvarianten eine gewisse Ausfallquote hinzunehmen haben. Es ist nicht möglich, alle zuständigen Personen zu erreichen oder gar mit allen Menschen erfolgreiche Gespräche zu führen. Falls Sie dahingehend eine zu hohe Erwartungshaltung haben, müssen Sie diese schnellstmöglich aufgeben.

Manchmal haben Sie permanent ‚Treffer‘, das heißt einen positiven Kontakt nach dem anderen, um im Anschluss eine Durststrecke durchzustehen. Konzentrieren Sie sich immer auf den Gesamtdurchschnitt aller ‚Treffer‘ und ‚Neins‘. Es ist alles eine Frage der Verhältnisrechnung. Erinnern Sie sich bitte immer wieder daran, dass Sie lediglich einen geringen Prozentsatz positiver Feedbacks benötigen.

■ **In allerletzter Konsequenz reicht Ihnen ein einziger ‚Volltreffer‘ aus.**

Erfahrungsgemäß werden Sie jedoch weit mehr Treffer und Insiderinformationen erhalten. Jetzt kann es in die dritte und letzte Phase Ihrer Jobsuche gehen: Die eigentliche Bewerbungsphase.

4.3. Bewerbungsphase

Es ist endlich soweit: Sie haben sich nun lange genug zurückgehalten. Jetzt können Sie sich bewerben. An dieser Stelle des empfohlenen Ablaufplans verfügen Sie über folgendes Insiderwissen:

- **Die Zusage, dass eine passende Stelle existiert und demnach eine Bewerbung sinnvoll ist.**
- **Den richtigen Bewerbungszeitpunkt.**
- **Einen Ansprechpartner, der für Ihre Bewerbung zuständig ist.**
- **Den gewünschten Übermittlungsweg.**

Darüber hinaus verfügen Sie wahrscheinlich über weitere Auskünfte, die es Ihnen ermöglichen, sich passgenau zu bewerben. Sie haben sich nun in eine außerordentlich gute Ausgangsposition gebracht:

1. **Sie nerven niemanden mit unerwünschten Dokumenten.**
2. **Eine zuständige Person ist vorbereitet und erwartet Ihre Bewerbung.**
3. **Sie stehen nicht mehr in Konkurrenz zu einer Masse anderer Jobsuchender.**

Jetzt haben Sie eine große Chance, dass Ihre Unterlagen direkt auf dem richtigen Schreibtisch bzw. PC landet. Sie müssen nicht mehr unter Massen von Bewerbern entdeckt werden. Es ist nicht mehr erforderlich, aus Ihren Bewerbungsunterlagen ein ‚Kunstwerk' zu machen, nur um irgendwie aufzufallen. Vielleicht sind Sie sogar die einzige Kandidatin oder der einzige Kandidat für die Stelle. In der Summe haben Sie Ihren Wettbewerb mit anderen, z.B. jüngeren Bewerbern, entscheidend entschärft.

Im Vergleich zur Recherche- und Kontaktphase, benötigt die Bewerbungsphase den geringsten Zeiteinsatz. Die Hauptarbeit ist schon getan: Das Zusammenstellen Ihrer Bewerbungsunterlagen ist schnell erledigt. Aufgrund Ihrer Startvorbereitungen liegen Ihnen diese fix und fertig vor. Meist müssen Sie nur noch Ihr Musteranschreiben leicht anpassen. Aber auch das können Sie gelassen angehen: Falls Ihr Anschreiben nur überflogen oder gar nicht gelesen wird, entgeht dem Empfänger dennoch nichts. Zumindest in Ihrem Fall gleicht der tabellarische Lebenslauf einer Werbebroschüre. Schon darin werden alle Ihre Fähigkeiten und Kenntnisse elegant, vollständig und aussagekräftig dargestellt.

Jetzt geht es nur noch um die Übermittlung Ihrer Unterlagen. Je nachdem, welche Wünsche auf der Arbeitgeberseite bestehen, gibt es dafür drei Möglichkeiten:

- **Post**

- **Online**

- **Persönliche Übergabe**

Auf alle drei Varianten werde ich nun näher eingehen.

4.3.1. Bewerbungsmappen per Post

Der Versand von Mappen ist ein Auslaufmodell. Diese Form der Bewerbung wird es in absehbarer Zeit nicht mehr geben. Dennoch gibt es durchaus Unternehmen, Behörden und sonstige Einrichtungen, die diese Variante vergangener Jahre noch wünschen.

Ihre zwei bis drei Dateien mit dem Anschreiben, Lebenslauf und den Zeugnissen sind also auszudrucken, in eine Bewerbungsmappe einzuheften und per Post zu versenden. Das war es im Prinzip – jedoch sollten Sie dabei auf ein paar Kleinigkeiten achten:

- **Die Mappe sollte exakt dem A4-Format entsprechen. Dadurch können Sie ein passgenaues C4-Kuvert verwenden. Die Unterlagen erreichen den Empfänger in einem besseren Zustand.**

- **Teure dreiteilige Mappen zum Aufklappen können verwendet werden. Dies ist allerdings kein Muss, denn sie sind auf der Arbeitgeberseite eher umständlich zu handhaben und erhöhen den Sichtungsaufwand.**

- **Stabile A4-Klemmhefter sind ebenbürtig. Falls die Deckseite transparent ist, sind Ihre Unterlagen auf einem vollen Schreibtisch besser auffindbar. Zudem verringern diese den Sichtungsaufwand, weil Ihr Foto und Ihre persönlichen Daten bereits zu sehen sind, ohne dass die Mappe aufgeschlagen werden muss.**

- **Um den Umschlag nicht per Hand beschriften zu müssen, sollten Sie Fensterkuverts verwenden. So wirkt Ihre Post ein wenig eleganter. In diesem Fall ist Ihr Anschreiben nicht Bestandteil der Mappe. Es liegt lose oben auf. Nur so ist die Empfängeradresse durch das Fenster des Kuverts sichtbar.**

Durch den Zwischenschritt, zuerst Kontakt aufzunehmen bevor Sie sich bewerben, kennen Sie in der Regel den erwünschten Versandweg (online oder Post). Sollten Ihnen diese Informationen einmal nicht vorliegen, müssen Sie leider den Bewerbungsweg per Post wählen. Rechnen Sie grundsätzlich mit konservativen Betriebsabläufen oder unzureichenden PC-Kenntnissen von Mitarbeitern und Entscheidungsträgern. Ihnen bleibt dann nichts anderes übrig, als die gute, alte Bewerbungsmappe einzusetzen – sicher ist sicher.

4.3.2. Onlinebewerbungen

Der Oberbegriff „Onlinebewerbung" umfasst gleich zwei Möglichkeiten der digitalen Übertragung Ihrer Bewerbungsdaten:

- **Der Versand Ihrer Bewerbungsunterlagen per E-Mail.**
- **Das Eintippen Ihrer Daten in Bewerbungsportale.**

Onlinebewerbungen per E-Mail

Auch zum Versand Ihrer Bewerbung per E-Mail gibt es keine einheitlichen Standards. Allerdings haben sich einige Vorgehensweisen in der Praxis sehr bewährt.

Sicher wird es für viele Leserinnen und Leser erstaunlich klingen: Wenn Sie meinen Empfehlungen zur digitalen Selbstdarstellung gefolgt sind, werden Sie Ihren Wettbewerb mit anderen Bewerbern weiter minimieren. Erfahrungsgemäß gehen auch heute noch zahlreiche Onlinebewerbungen ein, die aus technischen Gründen umständlich, mit größtem Aufwand oder überhaupt nicht auf der Arbeitgeberseite gesichtet werden können.

Immer wieder werden E-Mails versendet, die mit einer Unmenge von Anhängen gespickt sind, weil jedes Zeugnis als einzelne Datei angehängt wurde. Viele Beschäftigte verlieren schon beim Anblick solcher ‚Monster-E-Mails' die Motivation, diese professionell abzuarbeiten.

Ebenso oft gehen exotische Dateiformate ein, die von der Arbeitgeberseite nicht geöffnet werden können. Die betroffenen Bewerber denken, sie hätten sich beworben und wundern sich anschließend, dass sie niemals zu

Vorstellungsgesprächen eingeladen werden. Sie kommen gar nicht auf die Idee, dass es nie möglich war ihre Unterlagen einzusehen.

Die Anforderung, Dateien ausschließlich im PDF-Format zu übermitteln, wird ebenfalls von vielen Bewerbern missachtet. Wird darauf verzichtet, kann es durchaus passieren, dass liebevoll formatierte Dokumente auf dem Monitor des Empfängers völlig ‚verrutscht' dargestellt werden. Die Mühe, Bewerbungsunterlagen elegant und professionell gestaltet zu haben, ist dann umsonst gewesen.

Die Spitze der Unkenntnis wird erreicht, wenn Bewerber ihre kompletten Unterlagen in das Textfeld der E-Mail-Maske kopieren, statt als Datei anzuhängen.

Auch das Umgekehrte gibt es: Manche Technik-Freaks überfordern die Adressaten. Sie ‚packen' beispielsweise ihre zahlreichen Dateien in ein Zip-Format oder verkomplizieren das Ganze auf andere Weise.

Diese ganzen Negativbeispiele betreffen Sie nicht mehr. Durch die Umsetzung des Kapitels „Digitale Selbstdarstellung" (PDF, Scannen, Zusammenfassen von Dateien, etc.) verfügen Sie über alle Voraussetzungen, um sich online perfekt bewerben zu können. Folgende unbedingt notwendigen Bedingungen können Sie jetzt mühelos erfüllen:

- **Dateien sind der E-Mail grundsätzlich im PDF-Format anzuhängen.**

- **Manche Arbeitgeber begrenzen die maximale Größe eingehender E-Mail-Anhänge. Um ganz sicher gehen zu können, dass Ihre Nachricht nicht blockiert wird, sollte die Summe aller angehängten Dateien nicht größer als drei Megabyte sein.**

- **Achten Sie darauf, dass die gewählten Dateinamen logisch auf deren Inhalt hinweisen. Darüber hinaus sollten diese zusätzlich Ihren Nachnamen enthalten. So können alle Dateien am einfachsten Ihnen zugeordnet werden, unabhängig davon, wie diese verarbeitet werden.**

- **Im Idealfall sollten Sie maximal zwei Dateien anhängen. Die erste mit Ihrem Anschreiben und die zweite mit Ihrem Lebenslauf inklusive den Zeugnissen. Als noch akzeptable Alternative, können Sie Ihre Zeugnisse vom Lebenslauf trennen und separat als dritte Datei anhängen.**

Belästigen Sie bitte niemanden mit mehr als drei angehängten Dateien oder sogar mit einer Vielzahl davon. Sie müssten auf der Empfängerseite alle einzeln geöffnet, gesichtet und in der richtigen Reihenfolge ausgedruckt werden. Darüber hinaus sollten Sie den Text Ihres Anschreibens nicht nur in das Textfeld Ihrer E-Mail-Eingabemaske kopieren, sondern zusätzlich als Datei anhängen. Doppelt hält besser: So kann der Leser auf der Gegenseite selbst entscheiden, ob er Ihr Anschreiben direkt am Bildschirm lesen oder als korrekt formatiertes Dokument ausdrucken möchte. Dies ist besonders dann zu beachten, wenn zuarbeitende Mitarbeiter beauftragt sind, Ihre Bewerbungsunterlagen auszudrucken und weiterzuleiten.

Bewerbungen über Online-Jobportale

Insbesondere bei bekannteren Unternehmen können gewaltige Mengen an Bewerbungsunterlagen eingehen. Um dieser Datenflut Herr zu werden, haben mittlerweile viele Arbeitgeber Jobportale auf ihren Internetpräsenzen eingerichtet. Dadurch können Bewerber bequem auf eine Homepage verwiesen werden. Dort müssen sie dann mühsam und zeitraubend ihre Daten selbst in die Unternehmenssoftware eintippen. Die weitere, interne Bearbeitung dieser Bewerberdaten geschieht meist ebenfalls durch die EDV. So entstehen auf der Arbeitgeberseite nahezu keine Kosten mehr. Zudem wird jedem Kandidaten suggeriert, dass er sich jederzeit bewerben könne.

Ich persönlich bezweifle jedoch erheblich, ob die Daten auch in allen Unternehmen optimal gesichtet bzw. verarbeitet werden. Zudem laufen Sie aufgrund Ihres Lebensalters Gefahr, schon allein wegen Ihres Geburtsdatums von der verarbeitenden EDV automatisiert blockiert zu werden, bevor jemals ein Mitarbeiter Ihre Bewerbung gesehen hat.

Dieser Trend, dass oft auf Online-Portale verwiesen wird, spielt Ihnen im Übrigen in die Karten. Die meisten Jobsuchenden folgen nämlich leichtgläubig den jeweiligen Anweisungen und tippen Ihre Daten hoffungsvoll ein. Danach geht das Warten und Bangen los. Sie hingegen sollten diesen Bewerbungsweg vermeiden. Das heißt, Sie legen wie gewohnt den Zwischenschritt der Kontaktaufnahme ein. So werden Sie längst mit der zuständigen Person kommunizieren, während Nutzer der Online-Jobportale noch geduldig auf irgendwelche Reaktionen warten.

Beispiel:

Frau J. entdeckte eine Anzeige eines internationalen Chemiekonzerns, welche vor acht Wochen erschienen war. Als Chemikantin interessierte sich Frau J. für die darauf ausgeschriebene Stelle „Buchhalter/in" natürlich nicht, jedoch für die angegebenen Arbeitgeberdaten. Eine E-Mail-Adresse konnte sie dem Inserat entnehmen.

Frau J. schrieb eine E-Mail und fragte nach, ob eine Bewerbung als Chemikantin sinnvoll sei und wenn ja, welche weitere Vorgehensweise gewünscht wäre. Daraufhin erhielt sie eine sehr kurze Nachricht als Antwort: „Sie können sich jederzeit online auf dem Jobportal unserer Internetseite www.xyzag.de bewerben."

Frau J. wollte sich jedoch nicht abwimmeln lassen. Sie wusste nur zu gut, dass sie auf diesem Bewerbungsweg nicht mit anderen Bewerbern konkurrieren könne. Sie vermutete zu Recht, dass dort täglich Hunderte von Bewerbungen eingetippt würden. Schließlich handelte es sich um einen sehr bekannten Großkonzern.

Sie bedankte sich für die Information und schrieb freundlich zurück, ob es denn speziell für Chemikantinnen einen Ansprechpartner gäbe. Daraufhin erhielt sie eine noch kürzere E-Mail: Sie beinhaltete lediglich den Vor- und Zunamen einer Kollegin – allerdings inklusive der E-Mail-Adresse.

Erfreut über diese wertvolle Information, stellte Frau J. der angegebenen Mitarbeiterin nochmals die gleiche Frage, ob eine Bewerbung sinnvoll sein könnte. Noch am gleichen Tag erhielt sie eine Antwort: „Gerne können sie mir Ihre Bewerbungsunterlagen per E-Mail zusenden", hieß es.

„Geht doch", sagte Frau J. zu sich selbst. Eine Woche später hatte sie eine Einladung zu einem Vorstellungsgespräch in der Tasche.

Selbstverständlich will ich Ihnen nicht verschweigen, dass Sie es nicht immer verhindern können, Ihre Daten auf der Internetseite eines Arbeitgebers eintippen zu müssen. Werden Sie, trotz einer gewissen (freundlichen) Hartnäckigkeit Ihrerseits, dennoch auf ein Jobportal einer Internetseite verwiesen, müssen Sie diese Bewerbungsform leider akzeptieren, schließlich sollten Sie keine noch so kleine Chance außer Acht lassen. Dabei gibt es wenig zu beachten: Folgen Sie einfach den jeweiligen Anweisungen, die bei jedem Bewerbungs-Portal unterschiedlich sind.

Grundsätzlich sollten Sie immer bedenken, dass Sie sich im Fall von Online-Masken nicht mehr so einfach der Konkurrenz mit anderen Bewerbern entziehen können. Es zählen nur Daten und Fakten. So setzen Sie sich dem Wettbewerb mit jüngeren Jobsuchenden direkt aus. Eine denkbar schlechte Ausgangskonstellation. Machen Sie sich deshalb nicht zu viel Hoffnung: Sind Sie mit diesem Bewerbungsweg erfolgreich, wird dies eine angenehme Überraschung für Sie sein. Falls nicht, haben Sie nichts anderes erwartet.

4.3.3. Persönliche Übergabe

Manchmal ist es sinnvoll, direkt beim Arbeitgeber vor Ort Bewerbungsunterlagen abzugeben. Auch hierzu gibt es zwei Varianten:

- **Das Überreichen durch Sie selbst.**
- **Die Abgabe durch Empfehlungsgeber.**

Das Überreichen durch Sie selbst

Im Kapitel „Kontaktaufnahme" wurde die Möglichkeit beschrieben, bestimmte Arbeitgeber unangekündigt zu besuchen. Das heißt jedoch nicht, dass Sie darunter verstehen sollen, Unternehmen mit Bewerbungsunterlagen zuzupflastern.

Unter der persönlichen Abgabe von Bewerbungsunterlagen verstehe ich jene Situation, in der Sie im Vorfeld das Einverständnis für Ihre Bewerbung eingeholt haben. Wenn Sie dann anschließend Ihre Unterlagen persönlich beim Arbeitgeber vorbeibringen, ist das sicher kein Nachteil. Sie zeigen damit eindrucksvoll Ihre Motivation.

Das Ganze stellt sich allerdings als Gratwanderung dar. Erstens wird Ihr zuvor ermittelter Ansprechpartner eher selten in der Lage sein, sich spontan Zeit zu nehmen und zweitens ist dieses Engagement für Sie sehr zeitaufwendig und umständlich. Der Aufwand, möglicherweise kilometerweit zu fahren, nur um einen einzigen Arbeitgeber beeindrucken zu wollen, muss also im Einzelfall sorgfältig abgewogen werden.

Die Abgabe durch Empfehlungsgeber

Falls Sie über einen interessanten Kontakt verfügen, der Mitarbeiter eines gewünschten Unternehmens ist und deshalb Ihre Unterlagen bei der Personalabteilung persönlich abgeben kann, ist das natürlich eine ideale Konstellation. Ihre Bewerbung wird dann durch einen Empfehlungsgeber überbracht. Auf diese Weise eingehende Unterlagen werden in der Regel bevorzugt behandelt. Meist gelangen solche Bewerbungen zur Bearbeitung auf einen gesonderten Stapel. Besser können Sie Ihre Konkurrenz mit anderen Kandidaten/innen nicht eliminieren.

Wenn Sie über solche wertvollen Beziehungen verfügen, ist Ihre Referenz unbedingt in Ihrem Bewerbungsschreiben (am besten bereits in der Betreffzeile) zu nennen. Empfehlungsgeber zeichnen sich dadurch aus, dass sie sich namentlich nennen lassen.

4.4. Fazit

Ich fasse noch einmal das Wichtigste zusammen: Das bisher aufgezeigte Konzept zeichnet sich dadurch aus, sich nicht leichtfertig in den Wettbewerb mit anderen Bewerberinnen und Bewerbern zu begeben, sondern vielmehr sich diesem zu entziehen. Dabei hilft Ihnen die Tatsache, dass die Masse der Jobsuchenden noch immer in den Print- und Onlinemedien nach veröffentlichten Stellenanzeigen sucht, obwohl heute der Großteil interessanter Jobs nicht mehr öffentlich ausgeschrieben wird. Genau darin liegt Ihre große Chance. Das heißt: Sie konzentrieren sich in der Hauptsache auf freie Positionen im verdeckten Stellenmarkt. Sie spezialisieren sich auf Stellen, die öffentlich nicht ausgeschrieben sind. So sind Sie immer einen Schritt voraus und stehen nicht mehr in Konkurrenz mit einer großen Zahl jüngerer Bewerber, wie es der Fall wäre, wenn Sie sich auf Stelleninserate bewerben, die für jedermann sichtbar sind.

Dabei wenden Sie eine zweite innovative Technik an: Bevor Sie sich bewerben, legen Sie den Zwischenschritt einer Kontaktaufnahme ein. Sie sichern sich vorab das Okay für Ihre Bewerbung. Dabei erkundigen Sie sich gleichzeitig, wer Ihr Ansprechpartner ist. Zudem eignen Sie sich zusätzliches Insiderwissen an, wie z.B. Informationen über den richtigen Bewerbungszeitpunkt, die betreffende Stelle selbst sowie über sonstige spezifische Wünsche der Arbeitgeberseite. Bei dieser Vorgehensweise unterscheiden Sie sich weiter erheblich von der Bewerbermasse, die meist planlos und pauschal Arbeitgeber mit ihren Bewerbungsunterlagen zupflastert. Sie hingegen tun dies nicht. Sie gehen kein Risiko ein, dass Ihre Bewerbungen umsonst sind oder irgendwo im Unternehmen verlorengehen. Sie vergewissern sich vorab, dass Ihre Unterlagen erwünscht sind und in die richtigen Hände gelangen.

- **Die vorgestellte Strategie basiert im Wesentlichen darauf, sich Insiderwissen über verdeckte Stellen anzueignen und im Vorfeld Kontakt aufzunehmen.**

Dabei durchlaufen Sie einen dreistufigen Ablaufplan: die Recherche-, die Kontakt- und schließlich die eigentliche Bewerbungsphase. Dabei sind jedoch kausale Zusammenhänge zu beachten:

1. **Durch die Recherche Ihrer Arbeitgeberzielgruppe erarbeiten Sie sich das Datenmaterial für Ihre Kontaktaufnahmen.**

2. **Durch die Kontaktaufnahme finden Sie unveröffentlichte Stellen, die andere Bewerber nicht oder zu spät entdecken.**

4. **Der daraus resultierende geringere Wettbewerb mit anderen Jobsuchenden bewirkt eine höhere Einladungsquote zu Vorstellungsgesprächen.**

5. **Aus zahlreicheren Vorstellungsgesprächen entstehen mehr Jobangebote.**

Das bedeutet, dass sich große Erfolge schon bei der Arbeitgeberrecherche über alle weiteren Schritte bis hin zu den konkreten Jobangeboten bemerkbar machen werden. Die anfänglich erarbeitete Menge recherchierter Arbeitgeber wird proportional zu der Anzahl Ihrer Vorstellungsgespräche sein. Die Beachtung dieses Zusammenhangs ist enorm wichtig:

- **Nicht Ihr Lebensalter ist in erster Linie für den Erfolg Ihrer Jobsuche maßgeblich, sondern die Intensität Ihrer Recherche- und Kontaktarbeit.**

Oder anders ausgedrückt: Den vermeintlichen Nachteil aufgrund Ihres

Alters können Sie durch eine engagierte Recherche- und Kontaktarbeit überkompensieren.

Sie erinnern sich: Ich hatte Ihnen vorgeschlagen, Ihre Jobsuche als eine Art Berufstätigkeit aufzufassen. Ich habe Ihnen ein konsequentes tägliches Arbeiten über einen Zeitraum von einigen Wochen empfohlen. Bei beispielsweise zehn bis fünfzehn Kontakten je Tag, hätten Sie schon nach vier Wochen (inkl. freien Wochenenden) 200-300 Unternehmen per Telefon, per E-Mail oder persönlich angesprochen. Und wohlgemerkt, das heißt nicht, sich mühselig 200-300 Mal mit allem Drum und Dran beworben zu haben. Nein, es geht lediglich darum, zwei bis drei simpelste Fragen zu stellen, die zudem nur wenige Sekunden Zeiteinsatz erfordern. Zehn bis fünfzehn Anfragen sind an einem Vormittag locker zu schaffen. Komprimieren Sie viel Engagement auf einen kurzen Zeitraum, werden Sie bedeutend mehr Bewerbungserfolge erzielen, als wenn Sie dieselben Aktivitäten auf eine längere Zeitspanne verteilen.

- **Sprechen Sie täglich über Ihren Berufswunsch.**

Dies ist meiner Ansicht nach einer der mächtigsten Faktoren für Ihren Erfolg! Es ist immer wieder erstaunlich, welche außergewöhnlich positiven Bewerbungsergebnisse durch eine tägliche Kommunikation entstehen. Sicher spielt dabei auch das Glück des Tüchtigen eine Rolle:

- **Je mehr Arbeitgeber Sie kontaktieren, umso wahrscheinlicher ist es, auch einmal einen Job zu ergattern, von dem Sie bisher nicht zu träumen wagten.**

Theoretisch könnten Sie jetzt dieses Buch zur Seite legen. Ich habe Ihnen alle Informationen zur Verfügung gestellt, damit Sie schnell einen interessanten neuen Job ergattern können. Das heißt:

- **Sie wissen jetzt, auf welche Weise Sie Ihr neues berufliches Glück finden können.**

Mein Gesamtkonzept umfasst jedoch noch mehr. Es eröffnet sich für Sie noch eine weitere Chance: Nachdem Sie Ihren neuen Job gefunden haben, ist es nämlich noch möglich, Ihr gesamtes Berufsleben bis hin zu Ihrem wohlverdienten Ruhestand abzusichern.

5 Zweite Lebenshälfte absichern

Dieses Kapitel betrifft in der Hauptsache den Zeitraum nachdem Sie Ihr berufliches Glück gefunden haben. Möglicherweise werden Sie sich jetzt fragen: „Was soll ich denn noch absichern, wenn ich meinen gewünschten neuen Arbeitsplatz schon realisiert habe? Dann ist doch alles in Ordnung?"

Nicht unbedingt: Ihr neuer Arbeitgeber könnte beispielsweise dem heute hohen Wettbewerbsdruck nicht mehr standhalten und pleitegehen. In diesem Fall würde sich Ihr neuer Job einfach in Luft auflösen. Ebenso könnten Umstrukturierungsmaßnahmen beschlossen werden. Oder Ihr Arbeitgeber wird an die Konkurrenz oder an eine Investorengruppe verkauft. Dann wäre Ihre neue Anstellung ebenfalls in Gefahr.

> ▪ **Sie sollten nicht hoffen, dass in den nächsten Jahren schon alles irgendwie gut gehen wird, sondern selbst Garantien für den Erfolg Ihrer zweiten Lebenshälfte schaffen.**

Und genau darum geht es jetzt: Ich werden Ihnen Lösungen bieten, damit Sie die möglichen Nachteile eines unsteten Arbeitsmarkts kompensieren können. Der Schlüssel liegt darin, ein Netz von beruflichen Kontakten zur Verfügung zu haben, mithilfe dessen Sie sich absichern können.

Das Ganze stellt sich für Sie einfacher dar, als Sie denken. Zumindest zu dem Zeitpunkt, kurz nachdem Sie Ihren neuen Job gefunden haben: Während Ihren Recherche-, Kontakt- und Bewerbungsaktivitäten lernen Sie Ihre Arbeitgeberzielgruppe bzw. Branche kennen. Dabei kommunizieren Sie mit einer Vielzahl von wichtigen Ansprechpartnern. Dabei entsteht, sozusagen als Abfallprodukt Ihrer Jobsuche, eine gewaltige Datensammlung potenzieller Arbeitgeber. Es drängt sich förmlich auf, aus diesen wertvollen Informationen eine gut organisierte berufliche Datenbank entstehen zu lassen. Es sind zwar noch einige Schritte erforderlich, um daraus ein funktionierendes Netzwerk entstehen zu lassen, dennoch liegt die Hauptarbeit schon hinter Ihnen:

> ■ **Nachdem Sie Ihre Jobsuche erfolgreich gemeistert haben, sind die erforderlichen Anfangsbemühungen, um ein berufliches Netzwerk nutzen zu können, für Sie bereits erledigt.**

Verdeutlichen Sie sich bitte, in welcher einzigartigen Situation Sie sann stehen: Sie müssen die Arbeitgeberdaten aus der Recherche- und Kontaktphase nur noch ein bisschen ordnen, organisieren und pflegen. Machen Sie deshalb nicht auf halber Strecke halt, sonst entgeht Ihnen eine außergewöhnliche Chance. Sie könnten sich jetzt besonders einfach ein Netzwerk persönlicher Kontakte aufbauen. Mit diesem Sicherheitsnetz wäre es möglich, neue Jobalternativen zeitnah und ohne größeren Bewerbungsaufwand zu generieren. Falls doch einmal eine Kündigung droht, versprochene Perspektiven sich nicht einstellen oder Arbeitsbedingungen sich plötzlich verschlechtern sollten, aktivieren Sie einfach Ihr Netzwerk. Diese Gewissheit, auf persönliche Kontakte zurückgreifen zu können, wird Sie in eine sehr machtvolle Position gegenüber jeglichem Arbeitgeber versetzen.

> ■ **Die Möglichkeit, jederzeit seinen Arbeitgeber gegen einen besseren austauschen zu können, erhöht maßgeblich Ihre Lebensqualität.**

Falls sich Ihr neuer Arbeitsplatz als Volltreffer erweisen sollte, ist alles in Ordnung. Wenn nicht, können Sie Ihren Arbeitgeber einfach auswechseln. Dies macht Sie sozusagen altersresistent. Sie müssen nicht mehr ständig zittern, ob Ihr Arbeitsplatz möglicherweise in Gefahr ist, nur weil Ihr Lebensalter wie ein Damoklesschwert über Ihnen schwebt. Es gibt also gewichtige Gründe, sich schon jetzt mit dem Netzwerkgedanken zu befassen.

In diesem letzten Kapital geht es demnach um die Grundlagen, wie Sie persönliche Kontakte aufbauen können. Auch dabei sind verschiedene Phasen zu beachten. Ich unterteile diese folgendermaßen:

1. Datenbank aufbauen

2. Kontakte pflegen

3. Beziehungen schaffen

Obwohl es dabei Überschneidungen gibt, behandle ich aus Gründen der besseren Nachvollziehbarkeit alle drei Phasen getrennt voneinander.

5.1. Datenbank aufbauen

Eigentlich müsste ich dieses Thema bereits zu Beginn dieses Buchs vorstellen. Es erscheint erst jetzt, weil ich an dieser Stelle den Gesamtzusammenhang zwischen der vorgestellten Strategie für Ihre Jobsuche und dem Aufbau von Datenbanken besser verdeutlichen kann.

Im Rahmen der bisher beschriebenen Aktivitäten erhalten Sie viele Informationen. Sie werden Arbeitgeber recherchieren, Kontaktgespräche führen, Bewerbungen versenden sowie Bestätigungs-, Absage- und Einladungsschreiben erhalten. Ebenso tauschen Sie E-Mails aus, sammeln Visitenkarten oder bekommen sonstige Insiderinformationen und Hinweise. Darüber hinaus liegen Ihnen Firmenbezeichnungen, Unternehmensadressen, Namen von Ansprechpartnern, Telefonnummern, E-Mail-Adressen, Abteilungsnamen und vieles mehr vor. Zudem müssen Sie Vorstellungstermine vereinbaren, koordinieren und einhalten. Alles in allem werden die einzelnen Phasen Ihrer Jobsuche (Recherche, Kontakt, Bewerbung) zu einer gewaltigen Datenmenge führen.

> ■ **Ihre gesammelten Informationen und Daten sind für Ihre zweite Lebenshälfte Gold wert!**

Ihre ‚Sammlung' muss jedoch strukturiert werden, sonst verlieren Sie schnell den Überblick. Schaffen Sie deshalb schon zu Beginn Ihrer Jobsuche ein administratives System. Ich empfehle Ihnen deshalb, von Anfang an mit dem Aufbau einer beruflichen Datenbank zu starten. Haben Sie später die Zusage für Ihren neuen Job in der Tasche, wird dieses Datenmaterial ein sehr wichtiges Instrument für den sich anschließenden Netzwerkaufbau sein.

Sollten Sie diese bürokratische Herausforderung vernachlässigen, vertun Sie eine wertvolle Chance. In Windeseile könnten Sie Ihre Kontakte, Ihre Informationen und Ihre Bewerbungsaktivitäten nicht mehr nachvollziehen. Ihre gewonnenen Daten wären für Ihre berufliche Zukunft nicht mehr nutzbar und somit wertlos. Beim nächsten Jobwechsel, der heute jederzeit auf Sie zukommen könnte, müssten Sie wieder ganz von vorne anfangen. Die ganze Arbeit der Recherche, der Kontaktaufnahme, der

Bewerbungen inklusive vergeblicher Bemühungen, käme erneut auf Sie zu. Das muss wirklich nicht sein.

Wenn Sie Ihre Dokumentationen dagegen schon während Ihrer Jobsuche professionell führen, wird etwas Einzigartiges entstehen. Nutzen Sie diese Gelegenheit, damit Sie nie mehr in Ihrem Leben in einen beruflichen Engpass geraten.

Ein paar Daten zu ordnen und zu verarbeiten hört sich recht einfach an. Ist es aber nicht. Die meisten Jobsuchenden unterschätzen diese Herausforderung. Sie benötigen eine Struktur, in der keine Information verloren geht. Zu Beginn sollten Sie für Ihren Datenbankaufbau ein Zeit- und Informationssystem nutzen, das einfach und schnell zu handhaben ist. Bereits die Software MS Outlook ist ein ideales Werkzeug, um ein solches System zu schaffen. E-Mails können abgerufen, gespeichert und verwaltet werden. Darüber hinaus können Kontakte und zahlreiche Zusatzinformationen einfach angelegt und umfangreich weiterverarbeitet werden. Ebenso sind Wiedervorlagen, Terminplanungen, Erinnerungen, Kategorisierung von Datensätzen und vieles mehr möglich.

Laufen Sie aber nicht Gefahr, sich zu verzetteln. Damit Sie nicht zu viel Zeit für die Dokumentation Ihrer Daten verschwenden, müssen Sie unbedingt darauf achten, ein übersichtliches System einzusetzen. Falls Sie nicht sowieso MS Outlook nutzen, ist es nicht erforderlich, es sich extra anzuschaffen oder sich zeitaufwendig darin einzuarbeiten.

Es geht einfacher: Um auch allen Leserinnen und Lesern gerecht zu werden, stelle ich jetzt das simpelste System von allen vor. In meiner täglichen Coaching-Arbeit ist es getestet und hat sich als hocheffektiv herausgestellt. Es kann locker mit komplexeren Datenbanken mithalten.

Mein Vorschlag lautet daher, ein System zu verwenden, das entweder auf Papier in Aktenordnern inklusive Registereinteilungen oder alternativ als Ordnerliste auf dem PC angelegt wird. Dieses einfach zu handhabende System ist mehr als ausreichend, um professionelle Ergebnisse zu erzielen. Für Ihre Datenbank schlage ich folgende Unterteilung vor:

1. Wiedervorlage

2. Laufende Bewerbungen

3. **Positive Kontakte**

4. **Vergeblich kontaktiert**

5. **Ideen**

Falls Sie das Ganze auf dem Computer organisieren möchten, entspricht die gezeigte Einteilung der „Ordnerliste". Sie legen also fünf Hauptordner an: WIEDERVORLAGE, LAUFENDE BEWERBUNGEN, POSITIVE KONTAKTE, VERGEBLICH KONTAKTIERT und IDEEN. Die einzelnen Arbeitgeberkontakte entsprechen dann Unterordnern (Firmierung = Ordnername), die je nach Bearbeitungsstand, einem dieser fünf Hauptordner zugeordnet werden.

Falls Sie sich für das Arbeiten mit Papier entscheiden, können Sie zunächst mit einem einzigen großen Aktenordner beginnen. Dieser ist lediglich in die genannten fünf Abschnitte zu unterteilen.

Haben Sie Ihr Ordnersystem (PC) bzw. Ihren Aktenordner (Papier) angelegt, sind Ihre Daten einzupflegen. Die erste Handlung ist grundsätzlich die Ablage Ihrer recherchierten Arbeitgeber. Das heißt, Sie ordnen Ihre Einfälle, Rechercheergebnisse und sonstigen Notizen über potenzielle Arbeitgeber immer zuerst unter „Ideen" ein.

- **Ihre Datensammlung beginnt immer im Abschnitt/Ordner „Ideen".**

Auf diese Weise wird Ihre Datenbank quasi gefüttert. Das können Daten aus den ‚unpassenden Stelleninseraten', Notizen, Internetausdrucke, Visitenkarten, Empfehlungen von Bekannten oder sonstige Einfälle und Infos über mögliche Arbeitgeber sein. Dort sind also die Unternehmen zu finden, von denen ich im Kapitel „Arbeitgeberrecherche" gesprochen habe. Ihre Arbeitgeberzielgruppe, bei der Sie sich bewerben möchten.

Falls bei Ihren Unternehmensdaten die allgemeingültigen Telefonnummern und E-Mail-Adressen fehlen, haben Sie diese noch zu recherchieren, bevor Sie mit der Kontaktphase starten können. So lange bleiben Ihre gesammelten Daten unter „Ideen" eingeheftet (gespeichert) bis Sie zum Zweck der Kontaktaufnahme vollständig recherchiert sind.

Danach beginnen Ihre Informationen durch Ihre Datenbank zu wandern. Erhalten Sie das gewünschte Okay für eine Bewerbung, sind die betreffenden Arbeitgeberdaten in „Laufende Bewerbungen" umzuspeichern. Werden Sie aufgefordert sich zu einem späteren Zeitpunkt zu melden, gehen Ihre Dokumente in die „Wiedervorlage". Hat sich bei einem Arbeitgeber nichts ergeben, dieser sich aber dennoch als interessant herausgestellt, wandert das Ganze in „Positive Kontakte". Rührt sich bei einem Kontaktversuch überhaupt nichts, gehen diese Daten in „Vergeblich kontaktiert" usw.

Summa summarum werden also entdeckte potenzielle Arbeitgeber erst einmal unter „Ideen" gesammelt. Danach müssen Sie diese je nach Kontaktergebnis nur noch innerhalb Ihrer Ordnerliste umspeichern (von „Ideen" nach „Vergeblich kontaktiert", von „Ideen" nach „Laufende Bewerbungen", von „Ideen" nach „Positive Kontakte" usw.).

Falls Sie mit Aktenordnern arbeiten, tritt an die Stelle des ‚Umspeicherns' einfach das ‚Ein- und Ausheften'. Das Prinzip ist das gleiche: Entdeckte Unternehmen, die zu Ihrer Zielgruppe gehören, werden zu Beginn unter „Ideen" eingeheftet. Danach wandern die Dokumente nur noch innerhalb Ihres Aktenordners.

> ■ **Sind mögliche Unternehmen erst einmal unter „Ideen" angelegt, gehen Ihnen keine Informationen mehr verloren.**

Beispiel:

Frau N. startete den Aufbau ihrer ersten Datensammlung mit einem Aktenordner. Obwohl der professionelle Umgang mit dem PC für sie zur Selbstverständlichkeit gehörte, bevorzugte sie in manchen Fällen wieder das Arbeiten mit Papier. In den ersten Teil ihres Aktenordners „Wiedervorlage" heftete sie als Deckblatt einen A4-Jahreskalender ein.

Sie hatte sichergestellt, dass sie für die nächsten vier Wochen vormittags ungestört blieb. Sie startete ihren täglichen ‚Arbeitstag zur Jobsuche' immer mit einem gemütlichen Frühstück. Währenddessen studierte sie den Kalender ihrer „Wiedervorlage" sowie die darin enthaltenen Eintragungen. Welche Ansprechpartner wünschten einen Rückruf? Wer erwartete eine Antwort per E-Mail? Welche bereits versandten Bewerbungen waren überfällig? Was war heute grundsätzlich zu tun?

Gut informiert setzte sich Frau N. anschließend an ihren Arbeitsplatz, den sie sich zu Hause extra für die Suche nach ihrem neuen beruflichen Glück einge-richtet hatte. Sie kontrollierte zunächst ihre E-Mails: Waren auf die gestern versandten Erstanfragen schon Antworten eingegangen und wie war die Quote der Feedbacks? Absage-Mails druckte sie aus und heftete sie inklusive der dazugehörigen Arbeitgeberdaten im Abschnitt „Vergeblich kontaktiert" ein. Nachrichten, in denen sie aufgefordert wurde, sich später nochmals zu melden, gingen in die „Wiedervorlage". Dabei trug sie den gewünschten Zeitpunkt in den A4-Jahreskalender ein.

Erhielt sie aufgrund ihrer ersten Kontaktaufnahmen eine Zusage für eine Be-werbung, modifizierte sie schnell das Bewerbungsschreiben und sandte ihre Bewerbungsunterlagen unverzüglich ab. Gleichzeitig heftete sie den gesam-ten Vorgang mit allen bis dahin angesammelten Notizen und Daten in den Teil „Laufende Bewerbungen" um. In den Jahreskalender notierte sie sich, nach vier Wochen nachzuhaken, falls sie vom Arbeitgeber bis dahin noch nichts gehört hätte.

Waren die E-Mails abgearbeitet, begann sie anschließend zu telefonieren. Sie suchte sich aus dem Teil „Ideen" zwanzig Arbeitgeber heraus, bei denen sie bereits die Telefonnummern recherchiert hatte. Schon während der Ge-spräche notierte sie sich auf ihren zuvor kopierten ‚Telefon-Gesprächsnotizen' die wichtigsten Informationen. Sie wurden je nach Ergeb-nis der Telefonate in die entsprechenden Ordnerabschnitte eingeheftet. Von Arbeitgebern erwünschte Bewerbungsunterlagen versandte sie wieder um-gehend.

War das Telefonieren beendet, widmete sie sich der Recherche. Einige in „Ideen" eingeheftete Arbeitgeberdaten waren noch unvollständig. Diese recherchierte sie im Internet und ergänzte die noch fehlenden Kontaktda-ten, wie allgemeingültige E-Mail-Adressen und Telefonnummern. So würde sie weitere Erstanfragen starten können.

Nun ging es an die Recherchearbeit. Heute wollte sie online bei unpassen-den Stellenanzeigen nach passenden Arbeitgebern suchen. Entdeckte sie interessante Unternehmen, welche zu ihrer Arbeitgeberzielgruppe zählten, druckte sie sich die Anzeigen aus und heftete sie zunächst unter „Ideen" ab. Danach suchte sie im Internet nach Branchenlisten. Ergebnisse wurden ebenfalls in „Ideen" eingeordnet.

Falls keine wichtigen Veranstaltungen oder Messen anstanden, wo sie Ar-

beitgeber persönlich ansprechen konnte, machte sie gegen 12.30 Uhr Mittagspause. Nachmittags kontrollierte sie lediglich noch, ob alle Informationen und Daten des Tages in ihrem Ordner entsprechend eingeheftet waren. Gegen 14.00 Uhr machte sie sozusagen Feierabend. Vier Stunden konzentrierte Bewerbungsarbeit waren für sie ausreichend.

Es war Sommer. Nachmittags ging sie gerne an den Badesee. Wenn Frau N. nebenbei von einem interessanten Arbeitgeber erfuhr oder spontan eine Idee hatte, tippte sie sich stets ein paar Infos in ihr Mobiltelefon ein. Dies tat sie auch, wenn ihr etwas im Radio, im Fernsehen oder auf einem Werbeplakat auffiel. Ebenso war ihr Blick für Firmenschilder geschult. Sie kannte mittlerweile alle in ihrer Umgebung.

Abends ging sie aus und traf sich in einer Kneipe mit zwei Freundinnen. Weitere Bekannte stießen hinzu. Während man sich unterhielt, fiel der Name eines Unternehmens, welches Frau N. in ihre Bewerbungsüberlegungen noch nicht mit einbezogen hatte. Sie notierte sich den potenziellen Arbeitgeber auf einem Bierdeckel.

Am nächsten Vormittag (nach dem gemütlichen Frühstück) übertrug sie zunächst die Daten aus ihrem Mobiltelefon in den Ordner „Ideen". Den Bierdeckel heftete sie dort ebenfalls ab. Im Laufe der nächsten Woche würde sie alle neuen Ideen recherchieren können. Heute stand allerdings ein Vorstellungsgespräch an. Am angebotenen Job war Frau N. zwar nicht sonderlich interessiert, allerdings nutzte sie diese Gelegenheit, um für wichtigere Gespräche schon einmal trainieren zu können.

Ohne großes Nachdenken müssen Sie Ihre Daten lediglich umheften oder umspeichern. So landen zum Schluss alle Arbeitgeber entweder in „Vergeblich kontaktiert" oder „Positive Kontakte". Im letztgenannten Ordner befinden sich dann Ihre wichtigsten Ansprechpartner und Arbeitgeber. Aus dieser Essenz werden sich später Ihre beruflichen Beziehungen entwickeln.

In dieser ersten Phase des Netzwerkaufbaus geht es also nur darum, konsequent Kontakte zu sammeln und diese zu dokumentieren. Dies tun Sie ja in der „Kontaktphase" während Ihrer Jobsuche sowieso. Sie schlagen also zwei Fliegen mit einer Klappe: Sie finden Ihr neues berufliches Glück und schaffen zugleich die Grundlagen für Ihr späteres Netzwerk.

Jedoch spielt der Zeitraum, kurz nachdem Sie Ihren neuen Job gefunden haben, ebenfalls eine wichtige Rolle. Auch wenn Sie es sich zu diesem Zeitpunkt noch keineswegs vorstellen können: Sie werden, auch nach Ihrem Arbeitsantritt, noch zahlreiche, positive Nachrichten von Arbeitgebern erhalten. Sogar weitere Einladungen zu Vorstellungsgesprächen sind sehr wahrscheinlich. Schließlich stoßen Sie während Ihrer Recherche-, Kontakt- und Bewerbungsphase einiges an.

Wenn der Berufseinstieg erst einmal geschafft ist, brechen allerdings die meisten Bewerber ihre Aktivitäten abrupt ab und reagieren auf alle anderen Angebote nicht mehr. Sie hingegen sollten das nicht tun:

> ■ **Unabhängig davon, ob Sie Ihren Traumjob schon gefunden haben oder nicht, nehmen Sie noch ausstehende Vorstellungsgespräche unbedingt wahr.**

Das ist der bequemste und vor allem effektivste Weg, um wichtige Ansprechpartner auch persönlich kennenzulernen. Diese Kontakte werden Sie für Ihre zweite Lebenshälfte vielleicht noch dringend benötigen. Sie sind ja nicht gezwungen, jedem Arbeitgeber gleich auf die Nase zu binden, dass Sie Ihren neuen Job schon gefunden haben. Auch wenn Ihnen jemand noch ein Okay für Ihre Bewerbung gibt, rate ich Ihnen, dem Unternehmen Ihre Unterlagen zuzusenden. Behalten Sie diese Vorgehensweise solange bei, bis Sie jeden, in Ihrer Recherchephase entdeckten Arbeitgeber, sozusagen abgearbeitet haben.

Darüber hinaus sind in Ihrer „Wiedervorlage" sicher noch zu erledigende Aufgaben enthalten. Beispielsweise aufgrund von E-Mails oder Telefonaten, in denen Sie gebeten wurden, sich zu einem späteren Zeitpunkt nochmals zu melden. Tun Sie das bitte auch.

> ■ **Diesen ganzen Aufwand müssen Sie wahrscheinlich nur ein einziges Mal in Ihrem Leben betreiben.**

Rufen Sie sich dies immer wieder ins Gedächtnis: Sind Ihre potenziellen Arbeitgeber bzw. Ansprechpartner erst einmal vollständig recherchiert, kontaktiert und in Ihrer Datenbank dokumentiert, brauchen Sie sich diese Mühe kein zweites Mal zu machen. Ist aus Ihrer Sicht irgendwann einmal ein erneuter Jobwechsel ratsam, greifen Sie zu Hause einfach nach Ihrer beruflichen Datenbank und bauen auf bisherige Kontakte wieder auf. Sie werden feststellen, dass daraus eine völlig andere Ausgangssituation entsteht. Zumindest wird Ihnen die Kontaktaufnahme zu wichtigen Ansprechpartnern schneller gewährt. Zudem werden Sie bemerken, dass Sie einfacher wertvolle Insiderinformationen über interessante offene Stellen erhalten.

■ **Wird an frühere Kontakte angeknüpft, können neue Jobs meist unbürokratischer und ohne größeren Bewerbungsaufwand realisiert werden.**

Alles in allem heißt das für Sie: Haben Sie Ihren neuen Arbeitsvertrag schon in der Tasche, aber ein anderer Arbeitgeber zeigt an Ihnen noch Interesse, dann halten Sie sich diese Firma auf jeden Fall warm:

■ **Trainieren Sie die schwierige Gratwanderung, jemandem absagen zu müssen und ihm gleichzeitig ein positives Gefühl zu vermitteln.**

Müssen Sie Jobangebote ablehnen, machen Sie Ihren Ansprechpartnern ruhig ein paar Komplimente. Betonen Sie den guten Ruf des Unternehmens, die professionelle Arbeitsweise oder Ähnliches. Wenn Sie einen Korb zu vergeben haben, könnten Sie beispielsweise erklären, ein tolles Angebot erhalten zu haben. Sie seien nicht imstande gewesen, dieses auszuschlagen. Oder das Ganze sei jetzt aber sehr unglücklich gelaufen, obwohl das Jobangebot doch interessant sei. Sie könnten auch darlegen, dass Sie leider gezwungen waren, sich kurzfristig entscheiden zu müssen und Sie keine andere Wahl hatten.

Aufgrund Ihrer großen Lebenserfahrung sind Sie sicher in der Lage, eine freundliche Absage zu erteilen, ohne Ihrem Ansprechpartner ‚auf die Füße zu treten‘.

Beachten Sie dies auch unbedingt, wenn Sie selbst von Absagen betroffen sind. Hüten Sie sich vor Eitelkeiten. Vermeiden Sie ungehaltene oder zu knapp wirkende Reaktionen. Vielleicht haben Sie ja ein wenig schauspielerisches Talent und reagieren entsprechend ‚tief enttäuscht‘. Sie können sich niemals sicher sein, ob Sie eine Kontaktperson nicht doch noch einmal benötigen – gemäß dem Motto: „Man sieht sich im Leben immer zweimal.“

■ **Sehen Sie bitte davon ab, auch nur einen einzigen Kontakt zu ignorieren oder sogar zu verprellen.**

Darüber hinaus sollten Sie daran interessiert sein, auch während Ihrer neuen Berufstätigkeit, Ihre Datenbank stetig zu erweitern.

■ **Hören Sie niemals auf, offen für neue Arbeitgeber zu sein.**

Um regelmäßig von potenziellen Ansprechpartnern oder Unternehmen zu erfahren, gibt es folgende Möglichkeiten:

■ **Treten Sie einer Interessengruppe bei, die Ihren Tätigkeitsbereich betrifft. Zumindest eine ehrenamtliche Position sollten Sie innehaben.**

■ **Besuchen Sie Veranstaltungen, die mit Ihrer Branche oder Ihrem Aufgabengebiet zu tun haben, um Kontakt aufzunehmen, Visitenkarten zu sammeln oder sonstige Informationen zu erhalten.**

■ **Halten Sie in Tageszeitungen und Online-Jobbörsen regelmäßig Ausschau nach interessanten Arbeitgebern.**

■ **Achten Sie auch weiterhin im TV, im Kino, auf Plakaten, im Internet oder in Printmedien auf Bekanntmachungen oder Werbeauftritte von Unternehmen, die Ihre Karriere betreffen könnten.**

■ **Abonnieren Sie eine für Sie geeignete Fachzeitschrift und halten sich über Ihre Branche auf dem Laufenden.**

Nutzen Sie während Ihrer neuen Berufstätigkeit weiterhin Ihren Ordner „Ideen" als Stoffsammlung. Falls Ihnen passende Unternehmen, Behörden oder Institutionen auffallen, die sich noch nicht in Ihrer Datenbank befinden, sollten Sie weiterhin Firmenlogos mit Ihrem Mobiltelefon fotografieren, Firmenbezeichnungen auf eine Magazinseite kritzeln oder sich auf sonstige Art und Weise Notizen machen. Dies macht wirklich nicht viel Mühe. Ist das Ganze bei Ihnen zu Hause erst einmal abgeheftet (bzw. abgespeichert), ist es nicht mehr entscheidend, wann Sie die neuen Daten bearbeiten, nachrecherchieren oder Kontakt aufnehmen – das können Sie irgendwann tun, wenn Sie Lust und Laune dazu haben.

Letztendlich behalten Sie die im Kapitel „Den neuen Job finden" beschriebene Vorgehensweise weiterhin bei. Lediglich die Häufigkeit hat sich deutlich reduziert. Sie sind nicht mehr täglich aktiv, sondern eben nur noch ein bis zweimal im Jahr. Falls sich einige Vorstellungsgespräche realisieren lassen, rate ich Ihnen diesen Einladungen Folge zu leisten. Sie haben nichts zu verlieren und Sie bleiben zudem im Training. Vielleicht kommt sogar noch in hohem Alter ein Angebot auf Sie zu, das einen unerwarteten Karrieresprung möglich macht.

Im Übrigen wird der weitere Ausbau Ihrer Datenbank deutlich an Dynamik gewinnen, wenn Sie wieder so richtig im Arbeitsalltag stehen. Sie kommen dann automatisch mit Arbeitskollegen, Vorgesetzten, Kunden und Lieferanten in Kontakt. Sie bewegen sich tagtäglich in Ihrer Branche. Halten Sie dabei stets Augen und Ohren offen, schließlich könnte sich ja etwas ergeben. Insbesondere mit ausscheidenden Mitarbeitern und Vorgesetzten sollten Sie in Kontakt bleiben:

> ▪ **Ehemalige Arbeitskollegen und Chefs sind für Ihre zweite Lebenshälfte nahezu die perfekten Empfehlungsgeber.**

Vielleicht werden die neuen Arbeitgeber Ihrer ehemaligen Kollegen und Vorgesetzten auch für Sie einmal interessant. Dann verfügen Sie dort über Topreferenzen. Ebenso kann im Rahmen Ihres künftigen Arbeitsalltags jeder geschäftliche Kontakt eine wichtige Rolle spielen. Jeder Kunde oder Lieferant könnte Ihr nächster Arbeitgeber sein. Das Gleiche gilt für Konkurrenzunternehmen: Haben Sie grundsätzlich (und diskret) einen guten Draht zu Beschäftigten konkurrierender Firmen. Vielleicht werden diese irgendwann einmal Ihre Vorgesetzten oder Arbeitskollegen sein.

5.2. Kontakte pflegen

In dieser zweiten Phase Ihres Netzwerkaufbaus haben Sie die bisher gesammelten Kontakte zu festigen. Das heißt, während Sie Ihrem neuen Job nachgehen, sollten Sie die Personen in Ihrer Datenbank ein wenig hegen und pflegen, damit auch qualitativ höherwertigere Beziehungen entstehen. In diesem Stadium sind noch Bemühungen Ihrerseits gefordert. Ihr Ausgangspunkt ist immer der Ordner „Positive Kontakte". Dort befindet sich diejenige Personengruppe (in der Hauptsache noch aus der Zeit Ihrer Jobsuche), um die Sie sich kümmern müssen. Sie sollten sich bei Ihren Ansprechpartnern regelmäßig melden:

- **Finden Sie z.B. den Geburtstag heraus und gratulieren Sie jedes Jahr (hierbei sind Online-Netzwerke sehr hilfreich).**

- **Persönliche Weihnachts- und Neujahrsgrüße per SMS, E-Mail oder Karte sind ein Muss.**

- **Teilen Sie Ihren Kontakten mit, wenn sich Ihre Adresse, Telefonnummer, E-Mail-Adresse oder Ähnliches geändert hat.**

- **Trauen Sie sich auch einmal, um beruflichen Rat zu bitten oder erfragen Sie Ansichten und Meinungen.**

Nutzen Sie im Fall von positiven Reaktionen die Chance, sich gleich mehrmals auszutauschen. (per E-Mail kann dies besonders einfach realisiert werden).

Selbstverständlich ist mir bewusst, dass Sie andere berufliche Schwerpunkte setzen werden, wenn Sie gerade eine nagelneue Anstellung erhalten haben. Ihr neuer Job wird natürlich im Vordergrund stehen. Dennoch sollten Sie sich an meine Worte hinsichtlich der Kontaktpflege erinnern, schließlich geht es um die Absicherung Ihrer gesamten beruflichen Zukunft. Versuchen Sie deshalb, zumindest ein- bis zweimal im Jahr, einen Anlass zu finden, sich zu melden. Das macht wirklich nicht viel Mühe. Auf welche Weise oder ob Sie sich öfter melden möchten, bleibt Ihnen überlassen. Machen Sie es doch beispielsweise davon abhängig, wie sympathisch Ihnen diejenige oder derjenige ist.

- **Lassen Sie anfänglich regelmäßig etwas von sich hören und ergreifen Sie jede Gelegenheit für ein Zusammentreffen.**

Nutzen Sie Möglichkeiten, um jemanden treffen zu können. Der persönliche Kontakt ist noch immer die wichtigste Grundvoraussetzung, um Beziehung aufzubauen. Dabei ist es gar nicht so wichtig, welcher Anlass sich für ein persönliches Gespräch bietet. Anfänglich ist oft schon ein kleiner Small-Talk am Rande einer Veranstaltung oder nur ein kurzes Aufeinandertreffen in einer sonstigen Situation ausreichend. Wenn die Chemie stimmt, entwickelt sich zumeist alles Weitere wie von selbst.

- **Wenn Sie Ihre Kontakte ausreichend pflegen, brauchen Sie sich um Ihre weitere Laufbahn keine Sorgen mehr zu machen.**

Sie werden immer ausreichend über offene Stellen in Ihrer Branche informiert sein. Manchmal schnappen Sie wie zufällig etwas auf und ein anderes

Mal fragen Sie bei Ihren Kontakten aktiv danach. Möglicherweise werden Sie sogar in die Situation kommen, dass andere auf Sie zukommen und versuchen Sie abzuwerben.

5.3. Beziehungen schaffen

Es gibt eine Lesergruppe, die an emotional höherwertigen Beziehungen interessiert ist. Diese streben nicht nur einfache berufliche Kontakte an, sondern möchten über ein ganzheitliches Netzwerk verfügen, in welchem die Grenze zwischen privat und beruflich verschwimmt. Die Beweggründe sind unterschiedlich: Die einen möchten sich nicht auf das Funktionieren des Generationenvertrags verlassen und streben auch im Rentenalter eine Berufstätigkeit an. Andere verspüren so viel Energie, dass sie noch einmal einen maßgeblichen Karriereschritt machen möchten und manchen bereitet es einfach nur große Freude, neue Freunde zu gewinnen.

■ **Haben Sie zu vielen Menschen vertrauensvolle Beziehungen, werden Sie jederzeit Hilfe, Aufmerksamkeit und Unterstützung erhalten.**

In diesem Kapitel geht es also um die sozialen Aspekte eines Netzwerks. Damit aus einfachen beruflichen Kontakten auch Bekannte oder Freunde werden können, benötigt es noch etwas mehr: In diesem finalen Entwicklungsstadium Ihrer Netzwerkarbeit sollten Sie beginnen, persönliche Beziehungen aufzubauen.

Nachdem Sie in Sachen Kontaktpflege quantitativ ausreichend hohes Engagement gezeigt haben, stehen für Sie nun soziale und emotionale, das heißt qualitative Faktoren, im Vordergrund. Zudem haben Sie sich ein anspruchsvolles Ziel zu setzen:

■ **Bringen Sie sich in eine Position, in der andere Menschen häufiger auf Sie zukommen möchten als umgekehrt.**

Es gibt zahlreiche Gründe, warum anfänglich fremde Menschen irgendwann einmal zu Bekannten oder im Idealfall zu Vertrauten werden. Dabei spielen auch Zufälle und sonstige logisch nicht erklärbaren Faktoren eine wichtige Rolle. Man könnte es glückliche Umstände nennen.

Diesen nicht eindeutig fassbaren Einflüssen haben Sie jedoch an dieser Stelle schon Tür und Tor geöffnet: Als es noch um Ihre Jobsuche ging, hatte ich Ihnen zu einer hohen Schlagzahl in Sachen Recherche- und Kontaktarbeit geraten. Dabei mussten Sie eine natürliche Ausfallquote akzeptieren. Lediglich ein bestimmter Prozentsatz der angesprochenen Personen hat sich im Ordner „Positive Kontakte" angesammelt. Damit haben sich die Kontakte herauskristallisiert, die ‚irgendwie etwas' mit Ihnen zu tun haben. So werden einige Menschen Ihren Kontakt suchen, ohne dass Sie dafür etwas getan haben. Genießen Sie das Glück, dass manchmal die Chemie stimmt, obwohl es dafür keine eindeutigen Erklärungen gibt. Die Welt funktioniert nun einmal nicht grundsätzlich nach logischen Gesetzmäßigkeiten. Eines ist jedoch sicher:

> **Je öfter Sie auf unbekannte Menschen zugehen, desto höher ist die Wahrscheinlichkeit, dass sich ein glücklicher Zufall ergibt.**

Daneben gibt es jedoch durchaus pragmatische Gründe, warum sich Personen zu Ihnen einen persönlicheren Kontakt wünschen. Diese, über den glücklichen Umstand hinausgehenden Ursachen, stehen nun im Mittelpunkt meiner Ausführungen und lassen sich in folgende Aspekte gliedern:

- **Vorteilhaft sein**
- **Einzigartigkeit**
- **Authentizität**
- **Freundlichkeit**
- **Offenheit**
- **Anerkennung bieten**
- **Hilfsbereitschaft**
- **Verlässlichkeit**
- **Aufmerksamkeit**

Grundsätzlich ist es immer eine Mischung aller Faktoren, warum Verbindungen zwischen Menschen entstehen. Ich werde aus Gründen der Übersichtlichkeit alle getrennt voneinander betrachten. Dabei wird Ihnen als lebenserfahrener Mensch der eine oder andere Punkt vielleicht zu simpel erscheinen. Täuschen Sie sich bitte nicht. Ich werde Sie ganz bewusst auf Banalitäten ansprechen. Etwas grundsätzlich zu wissen und etwas auch im Alltagsleben umzusetzen, sind immer zwei verschiedene Paar Schuhe.

Vorteilhaft sein

Bieten Sie anderen einen bestimmten Nutzen, ist diese Tatsache ein schwergewichtiger Grund, warum man mit Ihnen einen besseren Kontakt pflegen möchte. Dies ist natürlich ein sehr pragmatischer Faktor. Es ist jedoch sicher nicht das erste Mal, dass Sie zunächst an den Opportunismus eines Menschen appellieren müssen, damit sich im Anschluss daran mehr entwickeln kann. Ein weiteres Argument, sachlich an den Beziehungsaufbau heranzugehen, liegt darin, dass manche Menschen, die Sie näher kennenlernen möchten, ihre Komfortzone oder Kontaktängste nur schwer überwinden können. Andere wiederum sind derart mit sich selbst beschäftigt oder in ihrem Leben eingespannt, dass Sie Gefahr laufen, nicht bemerkt zu werden. Sie werden aber auch auf Leute treffen, die noch immer der Ansicht sind, als Einzelkämpfer gut durchs Leben kommen zu können.

- **Bieten Sie etwas Vorteilhaftes! So können Sie Ihr Gegenüber wachrütteln.**

Bei der Beantwortung der Frage, ob Sie für jemanden nützlich sind, können Sie jedoch nicht von sich ausgehen. Sie haben zu berücksichtigen, dass andere die Dinge etwas anders bewerten könnten als Sie:

- **Ausschließlich die subjektive Meinung des Gegenübers, ob er etwas als vorteilhaft empfindet oder nicht, ist entscheidend.**

Sie müssen sich demnach in andere Personen hineinversetzen und versuchen, deren Sichtweise herauszufinden. Um dies bewerkstelligen zu können, ist neben Ihrer Sensibilität und Empathie in erster Linie Ihre Konzentrationsfähigkeit gefragt. Nur wenn Sie sich auf Ihr Gegenüber fokussieren, können Sie herausfinden, was er aus seiner Warte unter ‚Vorteile erhalten' versteht. Ich hatte Ihnen empfohlen, anfänglich jede Gelegenheit zu nutzen, um Ihre Kontakte persönlich zu treffen. In diesen Situationen ist Ihre volle Aufmerksamkeit gefragt. Sie haben sich einige Fragen zu stellen:

- **Worauf reagiert das Gegenüber positiv?**
- **Welche privaten und beruflichen Wünsche gibt es wohl?**
- **Wie weit ist sie/er davon entfernt?**

Vielleicht tun Sie dies heute schon. Dennoch biete ich Ihnen eine kleine Übung an. Wählen Sie dazu eine Ihnen nahestehende Person aus:

	Name der Person: ....
Worauf reagiert sie/er positiv?	
Welche beruflichen oder privaten Wünsche gibt es?	
Biete ich etwas, das er/sie benötigt? Und wenn ja, was?	

Haben Sie sich mit Ihrem Gegenüber ausreichend auseinandergesetzt, können Sie bewerten, welche Möglichkeiten es gibt, sich aus dessen Sicht nützlich zu machen:

- **Fragen Sie sich in erster Linie, wie vorteilhaft Sie für Ihre Kontakte sind und nicht, wie vorteilhaft Ihre Kontakte für Sie sind.**

Vielleicht gibt es Leserinnen und Leser denen dies nicht gefällt. Daran geht aber kein Weg vorbei: Sie werden nur ernten können was Sie gesät haben. Das heißt: Sie werden nur dann von Menschen profitieren, wenn Sie diesen einen Anlass bieten, sich auch mit Ihnen auseinanderzusetzen. Falls Sie derzeit noch unzufrieden mit Ihrem Umfeld sind, könnte es durchaus daran liegen, dass Sie das Ganze bisher im umgekehrten Sinne gesehen haben. Es gibt tatsächlich Menschen die nur deshalb mit anderen Kontakt halten, weil sie sich einseitig von diesen Vorteile versprechen. Sie verstecken sich hinter einer Fassade und liefern eine oberflächliche, aufgesetzte Show ab. Zugleich wundern sie sich, dass es mit dem Beziehungsaufbau nicht so recht vorangeht.

- **Zu Beginn Ihres Beziehungsaufbaus sind aufrichtiges Interesse und vor allem Ihre Neugier am Gegenüber gefragt.**

Persönliche Verbindungen unter Menschen sind keine Einbahnstraßen.

Einzigartigkeit

Zu dem bisher Gesagten sollten Sie versuchen, das ‚Prinzip der Einzigartigkeit' zu erfüllen: Wenn Sie etwas für jemanden tun, das einzig und allein Sie tun können, wird man sich Ihnen gegenüber öffnen. So kommen Sie automatisch dem Betreffenden etwas näher.

- **Es ist ideal, wenn nur Sie allein das bieten, wonach der andere sucht.**

Helfen Sie anderen, ihre Wünsche zu erfüllen und machen Sie sich dabei unersetzlich. Vorausgesetzt, Sie haben im Vorfeld herausgefunden, welche Bedürfnisse Ihr Gegenüber hat und stoßen demzufolge bei ihm auf eine bestimmte Nachfrage.

Vielleicht möchten Sie einmal Ihr privates Umfeld überdenken. Warum kommen Menschen auf Sie zu? Wenn dies der Fall ist, können Sie mit sehr hoher Wahrscheinlichkeit davon ausgehen, dass in diesem Moment nur Sie etwas bieten, was der andere gerade benötigt. Dies gilt keineswegs nur für materielle Dinge: Sorgen Sie beispielsweise für Abwechslung, Aufmerksamkeit, Anerkennung oder Ähnliches, sind darin ebenso Vorteile zu sehen – nur eben auf einer anderen Ebene.

Ein weiteres Beispiel ist, wenn der Kontakt zu Ihnen lediglich aufgrund

von Gewohnheit beruht. In dieser Konstellation bieten Sie nämlich ebenfalls etwas: Den Vorteil, dass Ihr Gegenüber seine Bequemlichkeit nicht
überwinden muss, sonst müsste er ja neue Personen kennenlernen und
sich auf diese neu einstellen, das heißt, seine Gewohnheiten ändern. In
diesem Fall bieten Sie den Nutzen, dass der andere in seinem Trott bleiben
kann.

Das Ganze können Sie auf das Berufsleben übertragen: So mancher
Mitarbeiter verliert nicht seinen Arbeitsplatz, obwohl er schon längst
nichts mehr zum Unternehmenserfolg oder Team beiträgt und in der
Hauptsache nur seine Arbeitszeit absitzt. Er wäre eigentlich jederzeit aus-
tauschbar. Diesen Beschäftigten auch weiterhin nicht zu kündigen, kann
aus Sicht des Arbeitgebers durchaus vorteilhaft sein. Es müssen keine Mühen oder Risiken hinsichtlich einer Neubesetzung der Stelle eingegangen
werden. Zudem vermeidet der Chef unangenehme Reaktionen des betroffenen Mitarbeiters. Um dieses Problem zu lösen, müsste irgendein Entscheidungsträger das Heft in die Hand nehmen und aktiv werden. Dazu
wäre jedoch wiederum die Überwindung von Bequemlichkeiten notwendig. Schlussendlich belässt man alles so wie es ist. Bequem und vor allem
berechenbar.

Allerdings ist diese Situation für den betroffenen Mitarbeiter eine eher
wackelige Angelegenheit. Der kleinste Anlass reicht aus, um diese instabile
Konstellation kippen zu lassen.

> ▪ **Baut sich Ihr privates oder berufliches Umfeld auf Gewohnheiten
> anderer auf, können Sie sicher sein, dass Sie dieses früher oder später
> verlieren werden.**

Die Behauptung, dass es in erster Linie um Vorteile für andere geht und
nur in zweiter Linie darum, dass man Sie mag, so wie Sie sind, und zwar
unabhängig davon, was Sie tun oder lassen, wird durch das Alltagsleben
häufiger bestätigt, als uns vielleicht lieb ist.

Machen Sie sich also unersetzlich. Können Sie dies grundsätzlich realisieren, werden Sie eine angenehme Veränderung in Ihren Bemühungen um
bessere Beziehungen feststellen. Sie müssen dann nur noch offen dafür
sein. Welche Seite aktiv ist, wird sich umkehren:

- **Je mehr Sie einzigartige Vorteile bieten, umso geringer muss Ihr Engagement zum Beziehungsaufbau sein.**

Umso mehr werden andere auf Sie zukommen. Sie sind dann diejenige Person, um die sich andere bemühen.

In der Gesamtbetrachtung ergibt sich beim Thema „einzigartig vorteilhaft sein" eine Abfolge aus vier Anforderungen:

1. **Versetzen Sie sich in die Lage von anderen Menschen.**
2. **Finden Sie heraus, welche Wünsche sie haben.**
3. **Tragen Sie dazu bei, dass sie erfüllt werden.**
4. **Machen Sie sich dabei unersetzlich.**

Um hochwertige soziale Bindungen aufzubauen, ist jedoch noch eine weitere Bedingung zu erfüllen: Sie können für Ihre Kontakte noch so vorteilhaft sein, falls Sie diese jedoch verunsichern, werden Sie es sehr schwer haben, bessere Beziehungen aufzubauen. Ihre Ausstrahlung spielt nämlich eine wichtige Rolle. Dazu mehr in den nächsten Unterkapiteln.

Authentizität

Wie erläutert, sollten Sie darauf achten, dass andere sich auch um Sie bemühen. Mittelfristig können qualitativ höherwertige Beziehungen zu anderen Menschen unmöglich durch ein einseitiges Engagement Ihrerseits aufgebaut werden. Ich warne aber davor, sich mit aller Macht beliebt machen zu wollen. Dies ist kontraproduktiv. Es funktioniert in den wenigsten Fällen. Die meisten Menschen spüren instinktiv, wenn man sich zu sehr von seinem Grundnaturell entfernt. Versuchen Sie krampfhaft etwas darzustellen, was Ihnen nicht entspricht, wirken Sie eher unglaubwürdig und unangenehm als anziehend. Man traut Ihnen nicht über den Weg oder meidet Sie im schlechtesten Fall sogar:

- **Nur wer authentisch ist, wird kein Misstrauen schüren.**

Unterschätzen Sie die Intuition anderer Menschen nicht. Vielleicht könnten Sie sogar ein bestimmtes Beziehungsniveau erreichen, indem Sie bestimmte Eigenschaften vortäuschen oder aufgesetzte Verhaltensweisen annehmen – doch echte Beziehungen werden dabei niemals entstehen.

Zudem sind Sie aufgrund Ihrer großen Lebenserfahrung sicher eine gefestigte Persönlichkeit. Das heißt, es ist eher unwahrscheinlich, dass Sie Ihren grundlegenden Charakter noch einmal maßgeblich verändern können. Demnach stellt sich für Sie nur eine einzige Frage: Wie kann ich bei meinem wesentlichen Naturell bleiben, aber dennoch meine Wirkung auf andere positiv verbessern?

 ■ **Oft sind nur schlechte Gewohnheiten abzulegen –nichts weiter!**

Manchmal schleichen sich im Laufe eines langjährigen Lebens bestimmte Unarten ein, die kontraproduktiv für den Beziehungsaufbau sind. Werden Sie sich darüber bewusst, ob dies auch bei Ihnen der Fall sein könnte. In den folgenden Unterkapiteln gebe ich Ihnen dazu Gelegenheit.

Freundlichkeit

Ich unterstelle Ihnen, dass Sie grundsätzlich freundlich mit Menschen umgehen. Wir alle wissen, was unter Freundlichkeit verstanden wird. Manchmal vergessen wir dies jedoch. Das passiert meist dann, wenn man sich in die Defensive gedrängt fühlt. Die wichtigste Voraussetzung für echte Freundlichkeit ist, keine Opferrolle einzunehmen. Falls Sie in eine ärgerliche oder bedrohliche Situation geraten, sollten Sie zumindest versuchen, innerlich stabil zu bleiben. Übernehmen Sie die Führung. Sie sollten nicht reagieren, sondern agieren. Das heißt, Sie lassen sich in Ihrem Verhalten nicht von negativen Einflüssen oder schlechten Manieren anderer beirren. Dabei ist Ihre Konzentrationsfähigkeit gefragt. Sie sollten sich im Griff haben und selbst die Art und Weise Ihres Auftretens bestimmen. Versuchen Sie immer gelassen zu bleiben und sich niemals einem unfreundlichen Stil anzupassen (oder sogar beleidigt zu sein). So zeigen Sie Stärke und Souveränität.

 ■ **Egal was passiert – Sie weigern sich, Ihre Stimmung von außen manipulieren zu lassen und behalten grundsätzlich Ihre Freundlichkeit bei.**

Dies soll nicht bedeuten, dass Sie zu allem „gute Miene zum bösen Spiel" machen müssen. Sie sollten jedoch selbst bestimmen können, wann Sie freundlich sein wollen oder nicht.

Im Übrigen können Sie mit Freundlichkeit auch problematische Situationen entschärfen: Falls es notwendig ist, mit jemanden Klartext zu reden, geht das problemloser in einer netten Art und Weise. Darüber hinaus können Sie sich mit Freundlichkeit auch besser wehren: Werden Sie von jemandem respektlos behandelt, können Sie Ihr Gegenüber nett fragen, ob etwas schief gelaufen sei oder ob er/sie heute einen schlechten Tag gehabt habe. In der Regel bemerken die Menschen schnell, dass sie sich daneben benommen haben (auch wenn Sie dahingehend kein Feedback erhalten).

Die Steigerung von alledem ist die Herzlichkeit. Ihr kann man sich nur schwer entziehen. Falls sie nicht schon natürlicher Bestandteil Ihres Auftretens ist, benötigen Sie dafür ein wenig Mut. Herzlichkeit entsteht nur dann, wenn Ihre Freundlichkeit von Herzen kommt (wie es der Name schon sagt). Dazu müssen Sie sich jedoch anderen öffnen und sie ein wenig an Ihren Gefühlen teilhaben lassen. Dazu jetzt mehr im folgenden Kapitel.

Offenheit

Nur nett, freundlich und positiv aufzutreten, ohne sich persönlich einzubringen, kann abschreckend sein. Es besteht die Gefahr, zu glatt zu wirken („aalglatt"). Man wird der ‚aufgesetzten Freundlichkeit' verdächtigt und ist zudem nur schwer einschätzbar. Im Extremfall werden Unberechenbarkeit und mangelnde Vertrauenswürdigkeit unterstellt.

Bringen Sie deshalb den Mut auf, sich Neuem zu öffnen. In letzter Konsequenz geht es um die Überwindung von subtilen Ängsten. Grundsätzlich bedeutet alles Neue immer ein gewisses, subjektives Risiko. Man verfügt in einer bestimmten Situation noch nicht über ausreichende Erfahrungswerte. So lässt sich vorab nicht richtig einschätzen, ob womöglich Gefahr droht, schließlich könnte man sich angreifbar machen.

Selbstverständlich müssen Sie sich nicht gleich Hals über Kopf in alle neuen Situationen stürzen oder sich allen Ihren Kontakten offenbaren. Oft reicht es aus, sich selbst ein wenig mehr einzubringen.

Beim Aufbau von persönlichen Kontakten bedeutet dies, dass Sie sich irgendwann von Ihrer privaten Seite zeigen müssen. Lassen Sie Ihr Gegenüber ein wenig mehr an Ihrem Leben teilhaben. Das bedeutet keinesfalls, sofort intime Details auszuplappern. Aber es bieten sich vielleicht einige familiäre Aspekte an, die Sie einfließen lassen können. Oder Sie geben einige wenige persönliche Ansichten oder Gefühlsempfindungen preis. Dies wird angenehm auffallen und mehr Nähe bringen.

- **Natürliche Offenheit bewirkt, dass sich Menschen im Gegenzug ebenso öffnen.**

Ihr Gegenüber wird Ihnen mehr vertrauen. Gleichzeitig fühlt er sich geschmeichelt und Ihr Verhältnis wird ein wenig persönlicher. Sie sind besser einschätzbar. Das wird auch für Sie angenehme Seiten haben. Die Kommunikation und der allgemeine Kontakt werden gehaltvoller. Zudem bereitet es durchaus Freude, sich nicht nur oberflächlich auszutauschen.

Überprüfen Sie bitte, ob Sie sich zu unnahbar präsentieren. Lassen Sie auch andere an Ihrem Privatleben, Ihrer Gefühlswelt und Ihrem wahren Naturell teilhaben?

Anerkennung bieten

Trauen Sie sich: Fällt Ihnen etwas Positives am anderen auf, dann sprechen Sie das bitte auch aus. Bemerken Sie, wenn jemand etwas erfolgreich gemeistert hat, dann verlieren Sie doch ein paar positive Worte darüber:

- **Würdigen Sie öffentlich positive Leistungen anderer.**
- **Haben Sie den Mut, Komplimente zu machen.**

Dies ist kein ‚Anbiedern'. Positive Feedbacks, die ernst gemeint sind, wirken authentisch. Zudem können Sie so hervorragend Ihre Beobachtungsgabe und Ihre Aufmerksamkeit unter Beweis stellen. Im Übrigen erhalten die meisten Menschen in Ihrem Alltag sehr wenig Anerkennung und Lob. Wenn Sie sich jedoch lobend äußern, können Sie sicher sein, einen bleibenden positiven Eindruck zu hinterlassen.

Hilfsbereitschaft

Es gibt einen unausgesprochenen Verhaltenskodex, an den sich die meisten halten: Die Grundregel der ‚gegenseitigen Gefälligkeiten'. Falls Sie um

Hilfe gebeten werden, sollten Sie diese wertvolle Chance nutzen:

▪ **Dankbarkeit ist ein mächtiger Bindungsfaktor zwischen Menschen.**

Und erwarten Sie nicht sofort eine Gegenleistung. Vielmehr kann es durchaus Freude bereiten, auch einseitig behilflich zu sein. Falls Sie es schaffen, an dieser Lebenseinstellung des Gebens Ihren Spaß zu finden, können Sie darauf wetten, dass Sie davon profitieren werden. Früher oder später werden auch Sie vielleicht in die Situation kommen, Hilfe oder bestimmte Informationen zu benötigen. Dann wird man sich an Sie gerne erinnern und auch Ihnen unter die Arme greifen. Einmal ganz davon abgesehen, dass ein hilfsbereites Image vielleicht das angesehenste von allen ist. Entsprechend positiv wird Ihr Ruf sein.

Ich möchte Sie jedoch darauf hinweisen, dass es durchaus Situationen gibt, in der sich das ‚Geben und Nehmen' als Gratwanderung darstellt. Alle Fälle von Korruption oder unerlaubter Vorteilsnahme beruhen letztendlich auf dem Prinzip „Eine Hand wäscht die andere". Ihre umfangreiche Lebenserfahrung und vor allem Ihr Gewissen werden Ihnen sicher dabei helfen, zu bewerten, wo die Grenzen zwischen Hilfsbereitschaft und Bestechung liegen. Dennoch muss ausgesprochen werden, dass die größten und mächtigsten Netzwerke aufgrund ‚gegenseitiger Gefälligkeiten' funktionieren.

▪ **Hilfsbereit sein, ist der einfachste Weg, Beziehungen zu schaffen.**

Halten Sie demnach immer Ausschau danach, ob Sie jemanden unter die Arme greifen können.

Verlässlichkeit

Auf wen in Ihrem Umfeld können Sie sich blind verlassen? Halten Sie ein paar Minuten inne – und jetzt die nächste Frage: Wer von den Personen, die Ihnen eingefallen sind, halten grundsätzlich alle Verabredungen ein? Wer erscheint zudem immer pünktlich?

Wie viele Menschen, die Sie kennen, erfüllen gleichzeitig alle drei Kriterien? Erstaunlich, wie gering diese Zahl ist, nicht wahr?

Kennen Sie Personen, die grundsätzlich ein bisschen später zu einer

Verabredung erscheinen? Sind dabei auch solche, die über ihr unpünktliches Erscheinen rechtzeitig Bescheid geben und zugleich meinen, dass dadurch alles in Ordnung sei? Die niemals bemerken (oder bemerken wollen), dass andere es dennoch als Unverschämtheit empfinden.

Es gibt Leute, die es sich sogar regelmäßig leisten, Verabredungen komplett abzusagen. Auch hier sind immer wieder plausible Erklärungen zu hören, warum es nicht anders zu machen war. So gibt es für die versetzte Person keinen vordergründigen Anlass, sich zu ärgern. Vorwürfe sind schwer zu formulieren. Schließlich möchte man verständnisvoll und tolerant sein. Aber man ärgert sich dennoch, und dies zu Recht.

Auch wenn das vorstehende Beispiel trivial erscheinen mag, das Ganze geht weit über das banale Thema ‚pünktliches Erscheinen‘ hinaus. Die Beschreibung zahlloser weiterer Situationen wäre möglich. Letztendlich geht es um die Achtung vor Menschen.

- **Von Ihrem respektvollen Umgang mit anderen, wird bewusst oder unbewusst auf Ihre gesamte Vertrauenswürdigkeit geschlossen.**

Möchten Sie jemals weiterempfohlen werden oder vertrauliche Informationen erhalten, müssen Sie in hohem Maße sicherstellen, nicht den Eindruck zu erwecken, unzuverlässig zu sein. Dabei ist das exakte Einhalten von Terminen sicher der einfachste Weg. Erscheinen Sie zudem ohne Ausnahme auf die Minute pünktlich, wird dies hundertprozentig positiv auffallen.

Natürlich gibt es über das minutengenaue Einhalten von Terminen hinaus noch unzählige Möglichkeiten, Ihre Seriosität unter Beweis zu stellen. Grundsätzlich sollten Sie zu den wenigen Personen zählen, die Versprechen oder sonstige Zusagen ohne Ausnahme einhalten. Auch dann, wenn es manchmal Mühe macht. Das Schlimmste, was Ihnen hinsichtlich Ihres Images widerfahren kann, ist, unter vorgehaltener Hand als nicht vertrauenswürdig abgestempelt zu sein.

Setzen Sie diese Empfehlungen um, werden Sie wahrscheinlich niemals auf Ihre Verlässlichkeit angesprochen werden. Auf Lob oder ein positives Feedback werden Sie ebenso vergeblich warten. Lassen Sie sich jedoch nicht täuschen. Ich garantiere Ihnen, dass es sehr wohl registriert wird.

Eine entsprechend positive Kommunikation über Ihre Person (und zwar wenn Sie nicht anwesend sind) wird die logische Folge sein.

Wie schätzen Sie Ihr Ruf ein? Glauben Sie, dass man Sie empfehlen würde, wenn es um eine wichtige Sache geht? Wie viele Personen gibt es, die für Sie die Hand ins Feuer legen würden?

Aufmerksamkeit

Bei Menschen, die ein glückliches Berufsleben durchlaufen, ist ein bestimmter Umstand immer wieder auffällig. Neben Ihren hervorragenden fachlichen und sozialen Fähigkeiten sind sie in der Lage, günstige Gelegenheiten zu erkennen. Sie sprechen zum richtigen Zeitpunkt am richtigen Ort mit der richtigen Person. Sie haben ein Gespür für wichtige und rare Situationen. Das Gros erfolgreicher Menschen hat eine ganz bestimmte Eigenschaft gemein: Sie sind ihrer Umwelt gegenüber äußerst aufmerksam. Dies ist eine unbedingte Voraussetzung, um glückliche Umstände wahrnehmen zu können.

- **Es geht nicht darum, Glück zu haben, sondern es zu erkennen.**

Falls Sie das nicht bereits tun, sollten Sie ab sofort mit offenen Augen durch die Welt gehen. Was bekommen Sie von Ihrer Umwelt mit? Wie bewusst erleben Sie Ihren Alltag?

- **Wenn das Schicksal Ihnen die Hand reichen möchte, sollten Sie das bemerken.**

Wie achtsam sind Sie? Das gilt ganz besonders für neue Kontakte. Sie erleben ständig Situationen, in denen Sie auf unbekannte Personen treffen. Dies kann auf einer Geburtstags- oder Familienfeier sein. Oder bei anderen Gelegenheiten, in welchen Sie jemanden das erste Mal sehen. Irgendwo sitzt eine fremde Person, wie zufällig neben Ihnen. In Seminaren sind neue Teilnehmer anwesend oder Sie werden irgendwo angesprochen. Es gibt unzählige Anlässe, neue Menschen zu bemerken oder kennenzulernen.

Wenn Sie sich in der Öffentlichkeit bewegen, sollten Sie geistig präsent sein. Vielleicht begegnen Sie einmal einer Person, die Ihnen eine entscheidende Information liefert. Vielleicht den Tipp schlechthin. Menschen und

Umständen sollte ein Mindestmaß an Aufmerksamkeit gewidmet werden.

„Ich kann mir einfach keine Namen merken." Solche Ausreden hört man regelmäßig. Natürlich ist man nicht permanent gewillt, sich auf alles und jeden zu konzentrieren. Kommt dies allerdings ständig vor, kann davon ausgegangen werden, dass eine gewisse mentale Bequemlichkeit im Spiel ist. Während der Namensnennung ist man ganz einfach zu faul, sich auf das Gegenüber zu fokussieren. Vielleicht läuft man sogar abwesend durch die Welt. Oder man beschäftigt sich ständig mit sich selbst und nimmt seine Umwelt nur teilweise oder im Extremfall überhaupt nicht wahr. Wie verhält sich dies bei Ihnen?

Bewerten Sie sich doch einmal selbst. Wie erleben Sie Ihre Mitmenschen oder Ihren Alltag? Machen Sie sich doch einmal Gedanken über die letzten Tage. Die folgende Tabelle wird Ihnen dabei behilflich sein:

	Notizen
Welche Augenfarben hatten die Personen, mit denen ich heute gesprochen habe?	
In welcher Stimmung waren die Menschen, mit denen ich heute zu tun hatte?	
Welche neuen Menschen habe ich diese Woche getroffen? Wie lauteten deren Namen?	

Wer suchte zu mir Kontakt und ich habe nur halbherzig reagiert?	
Welche Lieblings- speisen haben meine besten drei Freunde/Bekannte?	
Wie war das Wetter vorgestern?	
Wann habe ich das letzte Mal jemand neuen kennenge- lernt?	

In letzter Konsequenz ist unser ganzes Leben maßgeblich von anderen Personen abhängig:

- **Alles was Sie je erreicht oder gelernt haben, wurde maßgeblich von anderen beeinflusst.**
- **Dies wird auch in Zukunft, das heißt in Ihrer zweiten Lebenshälfte, so bleiben.**

Insbesondere im Berufsleben benötigen wir immer wieder Vorgesetzte, Firmeninhaber oder sonstige Persönlichkeiten, die uns im richtigen Moment unterstützen oder uns wichtige Informationen und Ratschläge geben. Ganz zu schweigen vom privaten Bereich.

5.4. Fazit

Noch ein paar wenige Worte zu diesem zweiten Teil des Buchs, in dem es um die Schaffung persönlicher Kontakte geht, also um Ihre Sicherheit und berufliche Zukunft: Erfahrungsgemäß tun sich, besonders in unserem Kulturkreis, viele Menschen schwer, vertrauensvolle Beziehungen zu anderen Menschen einzugehen. Kontaktängste, Unnahbarkeit, Verschlossenheit bis hin zur strikten Ablehnung neuer Bekanntschaften sind an der Tagesordnung. In diesen Fällen liegt es in der Natur der Sache, dass der Bekanntenkreis mit der Zeit immer kleiner wird. Kommt kein neues Umfeld hinzu, bleiben irgendwann nur noch die Partnerin oder der Partner übrig, mit denen man sich anspruchsvoll austauschen kann. Dann existiert nur noch eine Person, mit der persönliche Belange vertrauensvoll geteilt werden können. Sie hingegen sollten Ihr soziales und emotionales Dasein nicht auf einer einzigen Person aufbauen. Damit würden Sie Ihre Partnerschaft überfordern. Die Themenkreise des Alleinseins oder der Einsamkeit würden Sie früher oder später einholen, schließlich liegen noch Jahrzehnte vor Ihnen.

Werden die Zeiten zudem härter und die soziale Absicherung des Staates schwindet gänzlich, wird es entscheidend sein, ob es in Ihrem Leben eine Gruppe Ihnen nahestehender Personen gibt, von welchen Sie geschätzt werden und die bereit sind, Ihnen unter die Arme zu greifen. Insbesondere für die Fälle Krankheit und Altersschwäche wird das nähere Umfeld die wegfallende Schutzfunktion des Staates auffangen müssen (was im Übrigen auf der ganzen Welt mehr oder weniger üblich ist). Das Gleiche gilt natürlich auch dann, wenn Sie in existenzielle Schwierigkeiten geraten sollten. Schließlich ist dies in einer Welt, die mittlerweile von Staatspleiten, Finanzkrisen und Naturkatastrophen geprägt ist, durchaus möglich.

Sie sollten es also wagen, ein paar kleinere emotionale Risiken einzugehen und sich zur Absicherung Ihrer zweiten Lebenshälfte ein soziales und berufliches Netzwerk aufbauen. Es lohnt sich:

- **Verfügen Sie über viele Freunde, ist eine glückliche zweite Lebenshälfte, egal was Sie darunter verstehen, garantiert.**

6 Entscheidung treffen

Grundsätzlich behandelt dieser Ratgeber zwei große Themengebiete: Durch welche Bewerbungstechniken Sie, trotz Ihres Lebensalters, noch einmal einen Traumjob finden und wie Sie, nachdem Sie Ihr neues berufliches Glück gefunden haben, noch viele, viele Jahre ein angenehmes Berufsleben sicherstellen können.

Jetzt jedoch steht für Sie erst einmal das erste Thema, das Finden des neuen Jobs, im Fokus. Durch die Unterteilung der Jobsuche in die drei Phasen ‚Recherche', ‚Kontakt' und ‚Bewerbung', werden Sie den verdeckten Stellenmarkt erobern. Das bedeutet: Sie entdecken offene Positionen, über welche die Mehrheit aller übrigen Bewerber nicht informiert ist. Haben Sie zudem Ihre Selbstdarstellung optimiert, werden Sie sich dem harten Wettbewerb um die besten Arbeitsplätze geschickt entziehen und sich so die interessantesten Stellen herauspicken können.

Als Nebenprodukt Ihrer Jobsuche entsteht eine berufliche Datenbank. Daraus bauen Sie sich ein Netzwerk auf, aus dem sich in den kommenden Jahren berufliche Kontakte entwickeln können (falls gewünscht, auch Bekanntschaften oder sogar Freundschaften). Dieses berufliche Beziehungsgeflecht wird gewährleisten, Ihre Zukunft abzusichern. Sollten sich tatsächlich wieder einmal unvorteilhafte Arbeitsbedingungen einstellen oder sogar eine Kündigung drohen, können Sie gelassen bleiben. Sie werden jederzeit in der Lage sein, berufliche Alternativen zu generieren. Sie sind dann im Stande, unpassende Unternehmen aus Ihrem Leben ‚wegzurationalisieren' und gegen bessere auszutauschen. Dadurch werden Sie nie mehr existenziell von einem Arbeitgeber abhängig sein. Ein Gefühl der Unabhängigkeit und Selbstbestimmtheit wird sich einstellen. Eine höhere Lebensqualität wird die Folge sein. Ideale Voraussetzungen für eine erfüllende Zukunft. Derart gerüstet, können Sie sogar härteren und dynamischeren Zeiten unbekümmert entgegensehen.

Um dies alles gewährleisten zu können, müssen Sie den ersten Schritt in die richtige Richtung tun. Es stehen zunächst Ihre Startvorbereitungen an: Bereiten Sie einen Arbeitsplatz vor und sorgen Sie dafür, dass Sie für die kommenden Wochen ungestört an Ihrem Glück arbeiten können. Nachdem Sie dann Ihr berufliches Profil analysiert haben, sich Ihrer enormen Lebens- und Berufserfahrung bewusst geworden sind und alles in Ihre Bewerbungsunterlagen eingepflegt haben, müssen Sie im Anschluss nur noch infrage kommende Unternehmen recherchieren, kontaktieren und sich die Zusage für Ihre Bewerbung geben lassen. Bitte erkennen Sie die Einfachheit des vorgeschlagenen Ablaufs: In letzter Konsequenz läuft alles auf zwei simple Fragestellungen hinaus:

1. **Ist eine Bewerbung für meinen Bereich sinnvoll?**
2. **Wer ist mein Ansprechpartner?**

Stellen Sie potenziellen Arbeitgebern jeden Tag diese beiden Fragen und folgen Sie zudem allen meinen zusätzlichen Ratschlägen, ergibt sich, dank Ihrer professionellen Vorarbeit, meist alles Weitere wie von selbst. Ich verspreche Ihnen, je mehr Arbeitgeber Sie täglich ansprechen, desto schneller werden Sie Ihr neues berufliches Glück finden.

■ **Treffen Sie eine Entscheidung – Ihr neuer Job ist in greifbarere Nähe!**

Ich wünsche Ihnen von Herzen viel Bewerbungserfolg, berufliche Erfüllung und Sicherheit.

Ihr Dieter L. Schmich

PS: Im Übrigen freue ich mich sehr über Rückmeldungen und Anregungen. Sie können mich im Internet unter den folgenden Profilen finden:

■ **www.bewerbungs-center.com**
■ **www.xing.com/profile/DieterL_Schmich**
■ **www.facebook.com/DLSchmich**
■ **www.twitter.com/DLSchmich**